Ludovick Valéra

Amélioration du flux d'information et réduction du temps de passage

Ludovick Valéra

Amélioration du flux d'information et réduction du temps de passage

Amélioration du temps de passage pour un réseau d'entreprises avec donneur d'ordres et sous-traitants

Presses Académiques Francophones

Impressum / Mentions légales
Bibliografische Information der Deutschen Nationalbibliothek: Die Deutsche Nationalbibliothek verzeichnet diese Publikation in der Deutschen Nationalbibliografie; detaillierte bibliografische Daten sind im Internet über http://dnb.d-nb.de abrufbar.
Alle in diesem Buch genannten Marken und Produktnamen unterliegen warenzeichen-, marken- oder patentrechtlichem Schutz bzw. sind Warenzeichen oder eingetragene Warenzeichen der jeweiligen Inhaber. Die Wiedergabe von Marken, Produktnamen, Gebrauchsnamen, Handelsnamen, Warenbezeichnungen u.s.w. in diesem Werk berechtigt auch ohne besondere Kennzeichnung nicht zu der Annahme, dass solche Namen im Sinne der Warenzeichen- und Markenschutzgesetzgebung als frei zu betrachten wären und daher von jedermann benutzt werden dürften.

Information bibliographique publiée par la Deutsche Nationalbibliothek: La Deutsche Nationalbibliothek inscrit cette publication à la Deutsche Nationalbibliografie; des données bibliographiques détaillées sont disponibles sur internet à l'adresse http://dnb.d-nb.de.
Toutes marques et noms de produits mentionnés dans ce livre demeurent sous la protection des marques, des marques déposées et des brevets, et sont des marques ou des marques déposées de leurs détenteurs respectifs. L'utilisation des marques, noms de produits, noms communs, noms commerciaux, descriptions de produits, etc, même sans qu'ils soient mentionnés de façon particulière dans ce livre ne signifie en aucune façon que ces noms peuvent être utilisés sans restriction à l'égard de la législation pour la protection des marques et des marques déposées et pourraient donc être utilisés par quiconque.

Coverbild / Photo de couverture: www.ingimage.com

Verlag / Editeur:
Presses Académiques Francophones
ist ein Imprint der / est une marque déposée de
AV Akademikerverlag GmbH & Co. KG
Heinrich-Böcking-Str. 6-8, 66121 Saarbrücken, Deutschland / Allemagne
Email: info@presses-academiques.com

Herstellung: siehe letzte Seite /
Impression: voir la dernière page
ISBN: 978-3-8381-7143-2

SOMMAIRE

Au Québec, le secteur du meuble a connu un essor prodigieux à la fin des années 1990 pour atteindre un plateau en 2004 avant d'entamer par la suite une diminution marquée du volume de ventes. Pour affronter la pression étrangère, les entreprises québécoises doivent se recentrer sur leur chaîne d'approvisionnement pour se démarquer. La communication, la collaboration et le partage des compétences de chaque partenaire deviennent indispensables pour optimiser la chaîne d'approvisionnement. Ce mémoire se base sur l'hypothèse que l'amélioration du flux d'information permet de réduire le temps de passage en réseau d'entreprises. Une recherche-action a été réalisée afin de développer un système d'information interorganisationnel (SIIO) au sein d'une chaîne d'approvisionnement et d'évaluer son impact sur la réduction du temps de passage de cette chaîne. Cette chaîne d'approvisionnement à trois niveaux se compose d'un donneur d'ordres, de ses sous-traitants et des fournisseurs de matières premières des sous-traitants. La performance de la chaîne d'approvisionnement a été évaluée par la mesure d'indicateurs de performance, inspirés du modèle Supply-Chain Operation Reference (SCOR), adaptés aux chaînes d'approvisionnement, par une analyse du flux d'information et par une évaluation des technologies de l'information utilisées. En conclusion, ce mémoire de maîtrise ne permet pas d'affirmer que l'amélioration du flux d'information permet de réduire le temps de passage en réseau d'entreprises puisque l'étude prend place trop tôt dans un processus d'implantation du SIIO. Toutefois, les résultats permettent de mieux comprendre le processus d'implantation en observant le comportement des entreprises. Ces observations peuvent renforcer les chances de succès de tout autre projet d'implantation de TI similaire. Cependant, des recherches doivent encore être poursuivies concernant l'adaptation des SIIO aux différents types de gouvernance, le temps d'apprentissage et d'assimilation d'un SIIO, et la diminution de l'asymétrie de pouvoir en faveur du donneur d'ordres.

ii

TABLE DES MATIÈRES

LISTE DES TABLEAUX

LISTE DES FIGURES

REMERCIEMENTS

Je tiens à remercier sincèrement mon directeur de recherche, le professeur Denis Lagacé titulaire de la Chaire industrielle de recherche sur le meuble (CIRM), pour son soutien technique et moral tout au long de la réalisation de ce mémoire.

Je suis reconnaissant envers Line Bergeron, étudiante au MBA à la CIRM, pour ses précieuses études auprès des entreprises liées à ce mémoire puisqu'elles ont été une source d'information fondamentale dans la réalisation de ma recherche.

Je souhaite remercier les organismes du Fonds québécois de la recherche sur la nature et les technologies (FQRNT) et du Conseil de recherches en sciences naturelles et en génie du Canada (CRSNG) pour leur soutien financier.

Finalement, j'adresse mes remerciements aux entreprises membres de la CIRM qui ont volontairement donné de leur temps pour rendre ce mémoire possible.

LISTE DES SIGLES ET ABRÉVIATIONS

AFMQ   Association des fabricants de meubles du Québec

CAO   Conception assistée par ordinateur

CIRM   Chaire industrielle de recherche sur le meuble

CNC   Commande numérique par calculateur

EDI   Échange de données informatisées

ERP   *Enterprise Resource Planning* (progiciel de gestion intégrée)

FAO   Fabrication assistée par ordinateur

GCA   Gestion de la chaîne d'approvisionnement (*SCM*)

GE   Grande entreprise

JAT   Juste-à-temps

MDEIE   Ministère du développement économique, de l'innovation et de l'exportation

ME   Moyennes entreprises

MRP-II   *Manufacturing resource planning* (système de planification des ressources industrielles)

PME   Petites et moyennes entreprises

RTRP   Réduction du temps de passage réseau

SCC   *Supply-Chain Council*

SCM   *Supply Chain management* (gestion de la chaîne d'approvisionnement)

SFP   Systèmes de fabrication de pointe

SI   Système d'information

SIIO   Système d'information interorganisationnel

TI   Technologies de l'information

TAM	*Technology Acceptance Model*
TQM	*Total Quality Management* (Démarche de la qualité totale)
TRG	Taux de rendement global
UQTR	Université du Québec à Trois-Rivières
VMI	*Vendor Managed Inventory* (gestion partagée des approvisionnements)
SCOR	*Supply-Chain Operation Reference-model*
SMED	*Single Minute Exchange of Die* (changement rapide d'outil)
XML	*Extensible Markup Language* (langage de balisage extensible)
VGA	Véhicule à guidage automatique

INTRODUCTION

Les entreprises manufacturières de meubles au Québec

L'industrie du meuble au Québec a été très profitable jusqu'au début des années 90 avant de subir une chute très importante causée par un contexte économique complètement changé. Cette situation a forcé ces entreprises à se remettre en question pour répondre à cette nouvelle réalité.

La montée et la chute de l'industrie

La compréhension de l'environnement dans lequel ce mémoire est réalisé requiert un portrait du milieu du meuble au Québec. Le secteur du meuble a connu un essor étonnant à la fin des années 90. Cette période très profitable pour l'industrie, avec des carnets de commandes débordants pour tous les acteurs du secteur, ne ressentait aucune pression pour s'investir dans de nouvelles pratiques d'affaires plus performantes. Au contraire, cette période d'abondance laissait voir se multiplier les nouvelles entreprises dans un marché facilement accessible. Toutefois, la situation s'est rapidement dégradée. Les produits chinois ont fait leur arrivée sur le territoire nord-américain. Ils se sont emparés des marchés avec des prix de vente balayant du revers de la main un important volume de produits faits en Amérique du Nord.

Hunter et Li (2007) dressent le portrait de l'évolution de l'industrie du meuble chinois de 2001 à 2005. Ils abordent la question de l'exportation chinoise sur le marché nord-américain et démontrent son agressivité témoignant que le gouvernement américain a dû hausser les taxes douanières sur les produits chinois jusqu'à 198 % en 2003 pour freiner l'invasion et protéger l'économie nationale. Et malgré tout, cette mesure n'a pu totalement contenir la croissance de la présence des meubles chinois sur le territoire américain, ne réussissant qu'à retarder cette croissance de 57 % en 2002 à 35 % en 2004. Également, ces auteurs indiquent que la valeur annuelle des exportations chinoises de meubles de bois dans le monde est passée de 500 milliards $ US en 2001 à 1 400 milliards $ US en

2004. À titre comparatif, mentionnons que les exportations totales de biens du Canada étaient de 404 milliards $ CAN en 2001 et de 412 milliards $ CAN en 2004 (Statistic Canada, 2009). En ce qui concerne le Canada, la hausse de l'importation des meubles chinois a été de 112 % juste pour 2004.

Également, Buehlmann et al. (2007) discutent de l'importance des exportations chinoises en affirmant qu'elles représentaient 43 % des importations américaines de meubles de bois résidentiels en 2004 et qu'elles étaient pratiquement nulles en 1990. Aussi, ils indiquent que le Canada est le deuxième exportateur de meubles de bois résidentiels en importance vers les États-Unis, derrière la Chine, et qu'il ne connait aucune croissance de ses exportations sur le territoire américain depuis 2000.

La Chine a su se réorganiser à l'interne pour encourager une telle explosion du secteur du meuble et des exportations qui s'y rattachent. L'article de Hunter et Li (2007) explique que, de 2001 à 2005, le gouvernement chinois s'est départi de ses entreprises publiques du secteur du meuble entraînant une chute de 65 % de ses possessions passant de 2221 entreprises à 786 au profit de la privatisation. Cette réalité a provoqué des investissements d'envergure dans l'industrie du meuble chinois. Ces investissements, provenant en partie de fonds étrangers, ont permis l'acquisition de machineries et d'équipements à la fine pointe de la technologie. D'ailleurs, le nombre d'entreprises manufacturières de meubles de bois en Chine a progressé de 16 798 entreprises à 30 416 entreprises, soit une augmentation de 81 % entre 2001 et 2005.

Le chiffre d'affaires des industries œuvrant dans le secteur du meuble au Québec a chuté à partir du printemps 2004. Selon les dirigeants d'un important fabricant québécois de mobilier de cuisine en bois massif, qui ne sont pas identifiés pour des raisons de confidentialité, leur chiffre d'affaires en 2009 représentait la moitié de ce qu'il était en 2004. Cette réalité alarmante a fait glisser plusieurs clefs sous la porte, ne laissant d'autres choix à l'industrie du meuble que celui de se prendre en main immédiatement. Actuellement, l'industrie du meuble au Québec a atteint un creux et l'avenir reste encore incertain. Ces conditions difficiles laissent plusieurs entreprises en situation précaire pour leur survie. La reprise économique est lente et faible, et elle force les entreprises à s'ajuster aux nouvelles habitudes des consommateurs.

Émergence chinoise et réponse des entreprises québécoises

Les entreprises québécoises se préoccupent principalement du volume des ventes diminué qu'elles doivent maintenant se partager. Toutefois, récupérer ce volume ne peut se faire sans développer de nouveaux avantages concurrentiels et cet objectif n'est pas évident à atteindre. En théorie, il est inutile de compter sur la possibilité de réduire les coûts de la main-d'œuvre québécoise pour rivaliser avec ceux de la Chine, car les coûts de production de meubles chinois sont de 30 % à 50 % inférieurs aux coûts de production les plus faibles que l'on peut retrouver aux États-Unis (Buehlmann et al., 2007). De plus, la Chine concentre ses énergies pour préserver l'avantage compétitif de ses coûts de main-d'œuvre en déplaçant sa production vers les pays du sud de l'Asie et vers les provinces du centre de la Chine pour profiter des salaires plus faibles (Hunter et Li, 2007). D'ailleurs, Buelhmann et al. (2007) ont analysé la perception des détaillants et des consommateurs envers les meubles de bois résidentiels américains et étrangers. Leurs observations indiquent que seulement la moitié des détaillants se soucient réellement de la provenance des meubles qu'ils vendent, mais que les clients sont plus sensibles à cela et que la moitié d'entre eux se renseigne sur l'origine des meubles. Cependant, leur sensibilité à l'origine du produit a ses limites puisque pour deux produits semblables 67 % des clients américains de meubles bas de gamme ne veulent pas payer plus de 10 % du prix du meuble étranger pour encourager l'économie nord-américaine. Et pour les clients de meubles haut de gamme, 59 % ne paieront pas non plus une différence supérieure à 10 %.

Buelfmann et al. (2007) suggèrent fortement aux entreprises manufacturières nord-américaines de se concentrer sur d'autres facteurs que les prix pour rester compétitives. Selon leurs observations, les entreprises manufacturières nord-américaines d'ameublement résidentiel doivent miser sur la personnalisation, la qualité et l'innovation du design. Toutefois, les détaillants indiquent que les fabricants nord-américains doivent exploiter encore plus la proximité avec les

3

consommateurs en offrant un meilleur service en ce qui concerne la facilité du retour de marchandise, le respect des dates de livraison et la disponibilité des pièces de remplacement.

Malgré tout, le modèle d'affaires des fabricants chinois doit composer avec une importante contrainte puisque les produits voyagent principalement par bateau sur une grande distance. Ce qui implique de longs délais de livraison de grandes quantités de stocks en commande. Et aussi, le service après-vente en souffre puisque la distance rend les retours de marchandises, les remplacements et les réparations coûteux et longs.

En contrepartie, la progression industrielle de la Chine risque fortement d'estomper ces inconvénients avec le temps. Les entreprises chinoises d'ameublement développent une attitude orientée vers l'innovation des produits, des processus et des stratégies d'affaires. Elles investissent entre autres dans le marketing à l'étranger, l'automatisation, le développement de produits et dans la recherche universitaire (Xiaozhi et Hansen, 2006). Également, les détaillants américains qui importent des meubles de la Chine perçoivent plus positivement leurs fournisseurs asiatiques que les détaillants qui n'en importent pas (Buehlmann et al., 2007). Ce qui laisse supposer que la qualité des produits fabriqués en Chine s'améliore significativement.

Voici ce que monsieur Jean-François Michaud, P.D.G. de l'Association des fabricants de meubles du Québec (AFMQ), dit à propos de la concurrence asiatique : « La seule façon d'aborder cette compétition qui est de plus en plus féroce, c'est de performer […] améliorer notre productivité, servir encore plus rapidement nos clients, devenir encore plus spécialiste dans nos créneaux. » Pour se démarquer, les entreprises québécoises doivent se retourner vers des solutions innovatrices incluant la collaboration et le partage des compétences. Cette déclaration est appuyée par Raymond et Croteau (2009) qui décrivent la réalité des petites et moyennes entreprises (PME) canadiennes. Selon eux, celles-ci évoluent dans un environnement défini par la globalisation qui provoque une pression supplémentaire sur la majorité d'entre elles concernant la compétitivité, l'innovation, la flexibilité, la qualité et aussi la capacité de traitement de l'information.

L'utilisation de sous-traitants de capacité n'est plus nécessairement adaptée à la condition actuelle, il est préférable de s'allier à des sous-traitants d'intelligence pour que les activités à valeur ajoutée se fassent à plusieurs niveaux de la chaîne d'approvisionnement et que ces activités soient la responsabilité de tous. Le sous-traitant de capacité se caractérise par son aptitude à la production de masse à faibles coûts selon une conception de produits entièrement déterminée par le donneur d'ordres. Il est une extension à l'externe des capacités de production du donneur d'ordres. Alors que le sous-traitant d'intelligence possède une expertise ou un savoir-faire particulier lui permettant de participer activement à la conception des produits (Julien, Raymond, Jacob et Abdul-Nour, 2003). On peut s'attendre à ce qu'il ajoute de la valeur aux produits de diverses manières avec ses processus d'affaires, ses procédés de fabrication, son développement de produits, sa connaissance du marché, etc.

La participation à la conception des produits et le degré d'indépendance des sous-traitants d'intelligence impliquent l'établissement d'un partenariat avec le donneur d'ordres (Julien et al., 2003). Avec ce partenariat, on peut s'attendre à une augmentation du niveau de qualité du produit, une amélioration du niveau de personnalisation, une réduction des délais de fabrication et de livraison, et une augmentation du niveau de service auprès des clients. Optimiser l'ensemble de ces facteurs demande une expertise pointue en gestion de la chaîne d'approvisionnement (SCM) en plus d'un sens développé de l'analyse systémique et d'une connaissance des compromis relatifs aux différents contextes manufacturiers.

Ce mémoire de maîtrise est axé sur le développement de la communication nécessaire au renforcement de ces alliances afin d'améliorer la performance de la chaîne d'approvisionnement. Le premier chapitre présente la problématique générale de ce mémoire de maîtrise, qui aborde l'effet de la communication interentreprises sur la performance d'une chaine d'approvisionnement, et la revue de littérature. Le deuxième chapitre traite de la problématique spécifique, c'est-à-dire la question de recherche et les objectifs du mémoire. Le troisième chapitre présente la méthodologie suivie pour répondre à la question de recherche. Le quatrième chapitre montre les résultats recueillis au cours du projet et l'analyse de ces données. Finalement, la conclusion résume l'influence de la communication de l'information entre les entreprises d'une même chaîne d'approvisionnement sur le temps de passage des produits fabriqués, et présente les avenues futures de recherche.

CHAPITRE 1 : PROBLÉMATIQUE GÉNÉRALE DE LA RECHERCHE

La communication est un élément capital au sein des entreprises pour améliorer la performance de leur chaîne d'approvisionnement. Le développement d'un système d'information interorganisationnel (SIIO) adapté à la chaîne d'approvisionnement pourrait permettre d'améliorer les échanges d'information entre les acteurs. Le développement d'un tel système doit se baser sur la gestion des chaînes d'approvisionnement, sur les systèmes d'information et sur les technologies de l'information et des communications. Ces trois éléments contiennent la base théorique nécessaire au développement de la communication et de la collaboration pour faire face au contexte économique difficile pour la fabrication de produits.

1.1 La vision réseau et la communication

Il existe de nombreuses approches pour réduire le temps d'exécution des processus manufacturiers d'une chaîne d'approvisionnement. Généralement, les entreprises se concentrent sur des interventions internes pour optimiser leur productivité (Bergeron, Lanctôt, Abitar, Leduc et Bordeleau, 2008). Le comportement rationnel des entreprises les amène à améliorer leur performance individuelle sans considérer la performance globale de leur chaîne d'approvisionnement, et ce comportement égocentrique d'une entreprise peut avoir des répercussions nuisibles sur les autres (Simatupang et Sridharan, 2005). Idéalement pour optimiser une chaîne d'approvisionnement, il est souhaitable d'opter pour une approche qui englobe toutes les entreprises de cette chaîne.

Avant même de créer un flux de production traversant plusieurs entreprises, il faut inévitablement créer un flux d'information. Ce flux doit prioritairement atteindre plusieurs acteurs de cette même chaîne d'approvisionnement pour planifier la fabrication et la livraison des produits. Il n'y a pas que le flux de production qui demande une amélioration, car le flux d'information s'avère tout aussi critique dans le temps de passage qui s'étend du moment où un client passe une commande jusqu'à la réception de cette commande par ce dernier. En effet, prenons le simple exemple du processus de passation de commandes où un traitement inefficace de la réception d'une commande crée des délais administratifs qui viennent ralentir le temps de passage total. Ce qui veut dire qu'une partie de l'amélioration du processus manufacturier doit d'abord passer par une amélioration de la communication de l'information et dans un deuxième temps, par le partage d'informations. La présence de ces délais et des conséquences qui en découlent soulèvent de nombreuses interrogations sur les raisons, les sources et sur la manière d'y remédier.

1.2   La base théorique d'un SIIO

À la base, on peut s'interroger sur l'efficacité des communications et des échanges d'information entre les entreprises d'une chaîne d'approvisionnement. Ce questionnement peut démontrer un besoin de restructurer les méthodes de communication et d'échanges entre les entreprises d'une chaîne d'approvisionnement avec l'aide d'un SIIO. D'ailleurs, cette nécessité pour la communication et la collaboration interentreprises est aussi constatée avec l'évolution des progiciels de gestion intégrée, ou *Enterprise Resource Planning* (ERP), vers un nouveau concept appelé ERP II. L'ERP II est une stratégie d'affaires et un ensemble d'applications qui permettent d'améliorer les processus interentreprises collaboratifs, opérationnels et financiers (Koh, Gunasekaran et Rajkumar, 2008).

Pour restructurer efficacement les méthodes de communication et d'échanges, on peut analyser l'interface entre les entreprises et l'information qui sont au centre de cette communication. Que ce soit au sujet des commandes, du transport, des priorités, des dessins techniques, des normes de qualité, de la recherche et développement, etc. On peut aussi considérer les stratégies d'affaires des entreprises, les utilisateurs de ce SIIO, les processus de transfert d'information et l'environnement d'implantation qui sont tous aussi décisifs. Le plus grand obstacle n'est pas d'élaborer un outil de communication interentreprises, le marché déborde de solutions telles que l'envoie de courriels ou de documents, la tenue de conférences à distance, la gestion de projets par des entités séparées géographiquement, etc. Toute la difficulté réside dans la capacité d'intégration d'un tel outil à l'intérieur des différents environnements pour en faire un SIIO efficace à plus longue échéance.

Dans le cas des entreprises québécoises du secteur du meuble, il s'agit de développer une solution orientée sur l'amélioration du processus de communication de leur chaîne d'approvisionnement dans le but de réduire le temps de passage à travers cette même chaîne. La solution à cette problématique touche l'interaction qui existe entre trois concepts : la gestion de la chaîne d'approvisionnement, les systèmes d'information et les technologies de l'information. Voici une définition de chacun de ces termes selon le Grand dictionnaire terminologique (Office québécois de la langue française, 2002).

- **Gestion de la chaîne d'approvisionnement (GCA) :** Approche stratégique faisant largement appel aux technologies de l'information, qui combine toutes les étapes de l'approvisionnement en matières premières jusqu'à la livraison du produit fini chez le client, en passant par la production, l'expédition, la distribution et l'entreposage.

- **Système d'information (SI) :** Système constitué des ressources humaines, des ressources matérielles et des procédures permettant d'acquérir, de stocker, de traiter et de diffuser les éléments d'information pertinents pour le fonctionnement d'une entreprise ou d'une organisation.

- **Technologies de l'information et des communications (TI) :** Ensemble des technologies issues de l'informatique, du multimédia et des télécommunications, qui ont permis l'émergence de moyens de communication plus efficaces.

La structure théorique de ce mémoire de maîtrise se base sur l'interaction entre ces trois concepts et leur influence sur la performance de la chaîne d'approvisionnement. Cette structure est schématisée à la Figure 1.1.

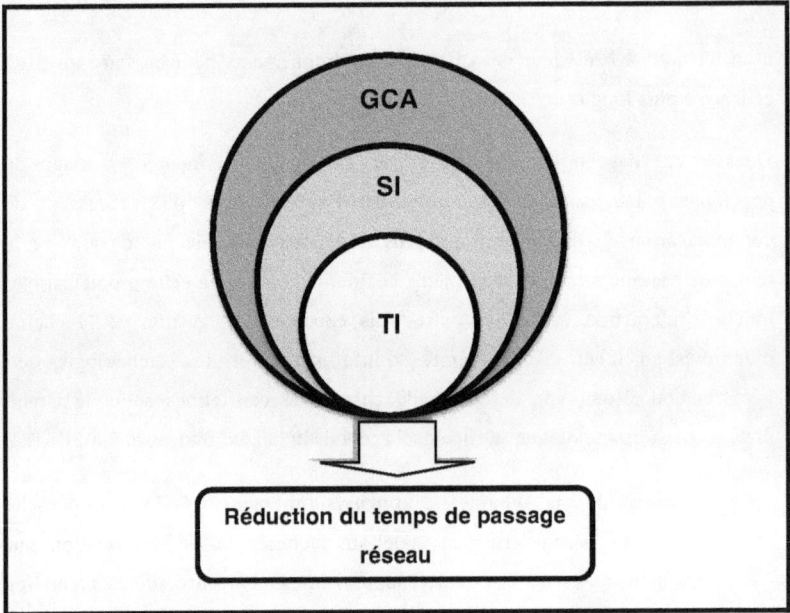

Figure 1.1 Notions de la structure théorique du mémoire

1.3 La gestion de la chaîne d'approvisionnement en réseau d'entreprises

La communication, à l'intérieur d'un réseau d'entreprises, ne peut se faire sans aborder la gestion de la chaîne d'approvisionnement et les concepts qui l'entourent.

1.3.1 Définition d'une chaîne d'approvisionnement

Un groupe d'entreprises qui participent au design, à la fabrication, à la livraison et à la distribution d'un même produit constitue un sous-ensemble de la chaîne d'approvisionnement de ce produit. Globalement, la chaîne d'approvisionnement se définit par l'intégration des processus de transformation allant de la matière première jusqu'au consommateur (Gunasekaran et Ngai, 2004; Williamson, Harrison et Jordan, 2004). L'intégration se définit comme l'adaptation pour fusionner ou faciliter l'introduction des processus à un ensemble, en créant une connexion fluide et efficace. La chaîne d'approvisionnement se compose de diverses entités comme des fournisseurs, des vendeurs, des fabricants, des distributeurs et des détaillants interconnectés par un transport, de l'information et des infrastructures financières (Funda et Robinson, 2002). Cette structure tisse une toile dans laquelle se retrouvent des acteurs, des processus d'affaires et des dynamiques de gestion dont la mise en mouvement relève des individus. En effet, toute l'information qui circule au travers des diverses entreprises est filtrée à un moment ou à un autre par le personnel. Même si l'échange d'information est parfois automatisé, une chaîne d'approvisionnement ne peut fonctionner sans une intervention humaine. De plus, ces personnes forment le moteur de toute action de changement par leurs interventions dans les activités des entreprises de la chaîne. Ce sont ces individus qui assurent la gestion de la chaîne d'approvisionnement en dirigeant les activités de leur entreprise pour permettre à la chaîne de fournir un produit, ou un service, au consommateur.

1.3.2   Définition de la gestion de la chaîne d'approvisionnement

Il est difficile de choisir une définition unique pour décrire la gestion de la chaîne d'approvisionnement et par conséquent, elle peut prendre plusieurs formes. Par exemple, Vaaland et Heide (2007) ont relevé trois orientations distinctes dans les définitions faites dans par littérature :

- **Orientation acteurs :** Organisation et gestion du flux matière de la matière première au consommateur.

- **Orientation relations :** Relations entre les acteurs, la coopération et les intérêts communs pour l'amélioration des performances.

- **Orientation processus :** Activités et processus d'affaires, intégration des processus clés à partir du fournisseur d'origine jusqu'à l'utilisateur final.

D'un autre côté, Giannakis et Croom (2004) ont adressé la question « *What do you understand by the term supply chain management (SCM)?* » à 72 experts du milieu académique. Ils ramènent à trois variables les réponses obtenues et proposent leur modèle d'analyse appelé *3S* :

11

- **Synthèse** : Aspect de la structure physique.

- **Synergie** : Nature et influence des relations, aspect humain.

- **Synchronisation** : Outils de contrôle opérationnel des processus.

En comparant les deux études mentionnées précédemment, on remarque que, malgré les différents classifications ou modèles, la gestion de la chaîne d'approvisionnement touche les aspects du flux de production, des relations et des échanges d'information, comme le montre la Figure 1.2.

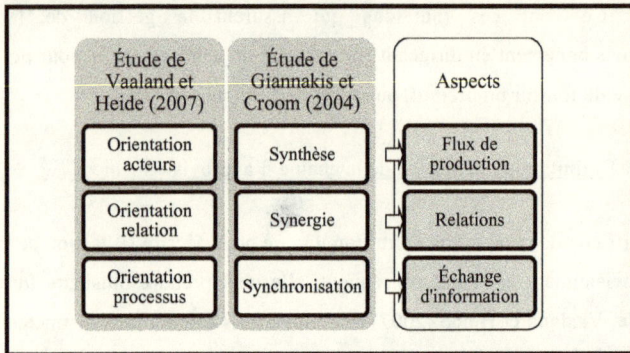

Figure 1.2 Aspects de la gestion de la chaîne d'approvisionnement

Dans l'ensemble, on peut s'attendre à ce que n'importe quelles actions ou décisions qui touchent la gestion de la chaîne d'approvisionnement aient à prendre en considération ces trois aspects pour limiter tout risque d'échec et fournir les produits ou services aux consommateurs.

La Figure 1.2 indique que la communication d'informations est un aspect incontournable pour définir la gestion d'une chaîne d'approvisionnement. Bien que ces trois aspects soient tous importants, ce mémoire s'oriente sur cet élément fondamental qu'est la communication pour exploiter son potentiel et déterminer son influence sur la performance de la chaîne d'approvisionnement.

Pratiquement, l'ensemble des processus d'affaires de chaque entreprise se retrouve impliqué avec l'échange d'information. Lorsque l'on veut aborder la gestion d'une chaîne d'approvisionnement, il faut s'attendre à traiter généralement des fonctions de logistique, d'approvisionnement, d'organisation industrielle et économique, de marketing, et autres (Arend et Wisner, 2005).

De plus en plus, Internet devient un des piliers majeurs de la communication. Il est omniprésent à travers les différents processus d'affaires imbriqués dans la chaîne d'approvisionnement. Une enquête réalisée par Rahman (2003) traite de l'importance que prend l'Internet comme support de gestion aux différents processus d'une chaîne d'approvisionnement. Ses résultats classent différents processus d'affaires selon l'importance de leur recours à l'Internet. En débutant avec celui qui recourt le plus à Internet, ces résultats donnent : 1.transport, 2.processus de commande, 3.relations avec les vendeurs, 4.approvisionnement, 5.service à la clientèle, 6.gestion des stocks et ordonnancement.

De tous ces processus, la gestion des stocks est le plus coûteux. Dans ce processus, l'Internet est décisif pour informer des délais de livraison ou des priorités, pour retrouver des articles et pour maintenir les stocks à un bas niveau. Le transport est le deuxième aspect le plus coûteux d'une chaîne d'approvisionnement (Lancioni, Smith et Oliva, 2000; Rahman, 2003). Partant de ces faits, ces deux activités sont à prioriser pour espérer obtenir les économies les plus notables financièrement dans toute action de rationalisation.

En résumé, les entreprises commencent à se détacher du modèle d'intégration verticale et elles se tournent vers le développement de compétences spécialisées pour se positionner de façon optimale au sein de la chaîne d'approvisionnement. Gereffi et al. (2005) mentionne le débat en faveur du développement des compétences fondamentales (*core competencies*) des entreprises en chaîne d'approvisionnement. Selon ce débat, les entreprises qui se concentrent sur leurs compétences fondamentales, en complémentarité avec les compétences fondamentales d'autres partenaires d'affaires, sont plus performantes que les entreprises intégrées verticalement. Pour parvenir se positionner efficacement au sein de la chaîne d'approvisionnement, ces entreprises doivent acquérir une attitude orientée sur commerce collaboratif et exigeant la diffusion d'une information de qualité avec leurs partenaires (Bond, Genovese, Miklovic, Wood, Zrimek et Rayner, 2000). D'ailleurs, des entreprises telles que Wal-Mart, HP, IBM, Intel et Proctor & Gamble ont pu augmenter leur profitabilité en développant la collaboration au sein de leurs chaînes d'approvisionnement (Simatupang et Sridharan, 2005).

1.3.3   La collaboration et les relations interentreprises

Afin de déployer une flexibilité, une agilité et une création de valeur supérieure, les entreprises décentralisent leurs activités non stratégiques en sous-traitance pour se concentrer sur leur spécialité (Gunasekaran et Ngai, 2004; Hvolby, Trienekens et Steger-Jensen, 2007). Cette réalité induit une dépendance entre les entreprises et de là se déploie la chaîne d'approvisionnement. À cet effet, Lancioni et al. (2003a) révèlent qu'une entreprise individuelle ne peut être prospère en affaires, car son succès dépend du réseau entier qui participe à la transformation de la matière première en produits offerts aux consommateurs. Il en découle que les résultats de tout projet d'amélioration, tel que la réduction du temps de passage à l'intérieur d'une chaîne d'approvisionnement, sont tributaires du niveau d'intégration et de collaboration des acteurs de cette chaîne.

Il faut savoir comment créer et maintenir la collaboration. Selon l'étude de Croom (2005), il existe cinq critères pour établir une collaboration durable avec des partenaires clés, et cinq causes de dissolution de ce partenariat. La Figure 1.3 présente les résultats de cette étude.

Collaboration durable

- Support de la direction
- Initiatives d'amélioration continue
- Partage bidirectionnel d'informations
- Présence d'objectifs communs
- Habilité à ajouter une valeur distincte

Dissolution du partenariat

- Planification médiocre
- Manque de confiance
- Faible communication
- Manque d'objectifs communs

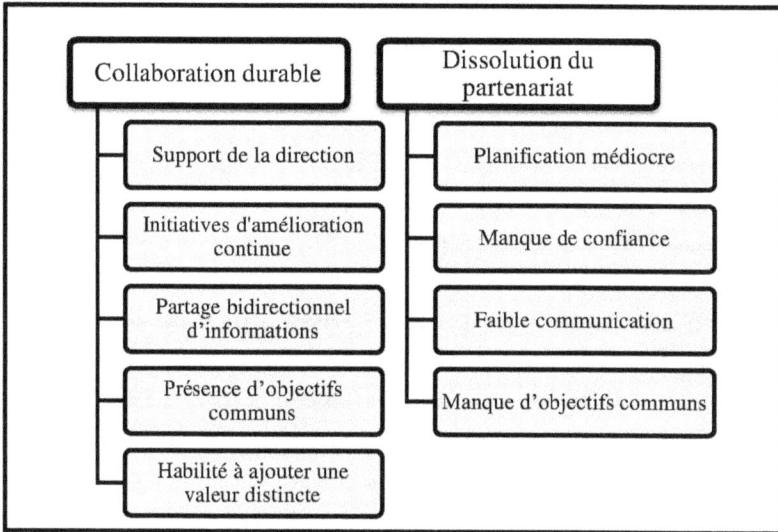

Figure 1.3 Facteurs de création de la collaboration et de dissolution des partenariats selon Croom (2005)

Dans la majorité des cas, la relation des entreprises en chaîne d'approvisionnement est fortement soutenue par les technologies de l'information (TI). La notion d'affaires électroniques (*e-business*) s'impose. Les affaires électroniques entre entreprises sont plus favorables à développer une relation s'il y a une compatibilité des valeurs, des systèmes et des pratiques (Claycomb, Iyer et Germain, 2005).

L'implication envers une collaboration est dépendante de la relation qui existe entre les entreprises. C'est la qualité de la relation qui dicte l'intensité avec laquelle les entreprises vont s'engager dans une relation ou un partenariat. Une étude de Williams et Moore (2007), qui porte sur les relations interentreprises, démontre le lien qui existe entre l'attitude d'une entreprise et la perception de ses partenaires à son égard. Une entreprise qui adopte une attitude positive (cordiale) envers la demande d'information engendre une attitude positive (volontaire) de partage d'information de son partenaire. Et conséquemment, une attitude positive envers le partage d'information amène une qualité de relation positive.

Dans les relations d'affaires, les entreprises ne sont pas toutes sur un pied d'égalité pour faire valoir leurs intérêts et leurs besoins, certaines se retrouvent en position de dépendance commerciale. Julien et al. (2003) indiquent que cette dépendance commerciale, entre un donneur d'ordres et son fournisseur, s'accentue selon la différence de taille entre ces deux entreprises, et selon le pourcentage de la capacité que le fournisseur dédie au donneur d'ordres. Dans ces conditions, un donneur d'ordres peut avoir un ascendant lui permettant de négocier plus facilement ou décider des actions à poser par ses PME sous-traitantes. Cette situation peut mener à une asymétrie des bénéfices (Julien et al., 2003). Le pouvoir que les entreprises peuvent exercer les unes envers les autres est soit coercitif, ou soit collaboratif. Le pouvoir coercitif contraint l'individu à agir ou à obéir et sous-entend une réprimande si le comportement désiré n'est pas obtenu. Cette approche n'encourage pas la collaboration, mais elle provoque généralement le comportent désiré sans plus. Selon la même étude de Williams et Moore (2007) sur l'utilisation du pouvoir en chaîne d'approvisionnement, les sources coercitives de pouvoir causent des conflits entre les partenaires. En contrepartie, un pouvoir collaboratif augmente la satisfaction des entreprises. Dans le même ordre d'idée, ils affirment que le succès d'une chaîne d'approvisionnement dépend du partage d'information et qu'il ne faut pas créer de réticence à collaborer. Au contraire, il faut viser un niveau d'implication maximum des entreprises partenaires et cela débute par des relations de confiance. En résumé, les entreprises vont utiliser le pouvoir qu'ils tirent de leurs relations pour influencer le comportement de leurs partenaires à agir selon leurs préférences. Il peut s'agir d'une incitation à collaborer, à forcer un niveau minimum de coopération pour accaparer ou non la majorité des avantages de la relation. Ce qui peut être à la fois favorable et défavorable pour la collaboration selon si ce comportement engendre une répartition des bénéfices ou non.

Malgré cela, il arrive que des entreprises soient en situation d'indifférence mutuelle au milieu d'une apathique relation commerciale sans objectifs communs et sans désir de partenariat. À ce sujet, l'étude d'Andrews et al. (2004) relate qu'en chaîne d'approvisionnement, la relation d'indifférence est la plus critique puisque personne ne ressent de pression à collaborer et à resserrer les liens. Il a une absence totale de participation aux objectifs à l'échelle de la chaîne d'approvisionnement. Dans ces conditions selon Andrews et al. (2004), une relation dominant-dominé est tout de même préférable puisqu'elle peut tout de même forcer un niveau minimum de participation à l'atteinte des objectifs de la chaîne d'approvisionnement. Cependant, la collaboration engendre généralement la performance la plus efficace pour les entreprises partenaires.

La relation d'indifférence mutuelle est critique quant à la coordination entre les différentes entreprises. La coordination de la chaîne d'approvisionnement dépend de la communication et de la coopération de ses acteurs que l'indifférence vient empêcher. De plus, une chaîne d'approvisionnement est entièrement coordonnée lorsque toutes les décisions des entreprises s'alignent avec les objectifs globaux de leur chaîne. Et donc, si les motivations individuelles sont incompatibles avec celles du réseau ou si l'indépendance des entreprises est forte, la coordination se fragilise (Funda et Robinson, 2002).

Pour établir des partenariats durables, les entreprises en cause doivent aussi se faire confiance. Ce qui est délicat considérant que la confiance est difficile à obtenir. Bien souvent, les ententes verbales ne suffisent pas à la maintenir. La confiance se concrétise aussi avec des normes prenant la forme de politiques de rachat des retours, de contrats de quantités flexibles ou des règles d'allocation (Croom, 2005; Funda et Robinson, 2002).

1.3.4   Les avantages de la collaboration

La coopération devient particulièrement valorisée en chaîne d'approvisionnement pour développer une flexibilité et une réponse rapide aux changements (Williamson et al., 2004). Elle se présente comme une solution pour atténuer les effets des incertitudes et la variabilité de la demande. La variabilité de la demande s'accentue à mesure que l'on remonte la chaîne d'approvisionnement. Ce phénomène se nomme effet coup de fouet ou effet Forrester. Il provient du système lui-même par ses politiques, la structure des organisations et les délais qu'il comporte (Bayraktar, Lenny Koh, Gunasekaran, Sari et Tatoglu, 2008). Une

17

collaboration impliquant la chaîne d'approvisionnement dans son ensemble peut réduire ce phénomène par une prise de conscience de ses origines et par une transparence de l'information dans la chaîne. De plus, une telle collaboration peut aussi aider à déceler et à réduire les inefficacités de la chaîne d'approvisionnement.

À l'intérieur d'une chaîne d'approvisionnement, chaque entreprise peut se spécialiser et voir ses compétences reconnues pour ainsi participer plus efficacement à des initiatives innovatrices. L'article de Vaaland et Heide (2007) démontre cette réalité en affirmant que l'intégration permet à la chaîne d'approvisionnement d'améliorer et de mettre de l'avant ses compétences en matière de développement de produits innovateurs, d'innovation radicale des processus et d'accès à des compétences complémentaires. Arend et Wisner (2005) viennent appuyer ce fait en affirmant que la chaîne d'approvisionnement permet une différenciation du produit offert en exploitant la spécialisation des entreprises.

De plus, la collaboration au sein d'une chaîne d'approvisionnement apporte une réduction des coûts, une diminution des stocks, une amélioration des processus, une augmentation du niveau de service et un accroissement de l'intelligence du marché (McLaren, Head et Yuan, 2002). Pour démontrer ces propos, l'étude de Lupien St-Pierre (2007) analyse la réduction des coûts par un calcul du lot de transfert entre deux entreprises en chaîne d'approvisionnement. Selon cette étude, une approche conjointe du calcul du lot de transfert apporte les économies les plus importantes. Toutefois, cette situation doit mener à un comportement quelque peu altruiste pour que la chaîne d'approvisionnement en tire le bénéfice maximum. En effet, ce calcul mène régulièrement à une augmentation du coût du lot de transfert d'une entreprise, et si celle-ci est en situation de pouvoir, elle peut refuser ce compromis pour respecter une politique interne de réduction des coûts. Lupien St-Pierre (2007) soulève un point intéressant pour faciliter cette négociation. En effet, pour mettre en pratique cette politique, la ou les entreprises qui profitent de cette économie doivent en redistribuer les gains pour en faire profiter chaque entreprise de la chaîne d'approvisionnement. Cette économie globale ne doit pas servir qu'à augmenter la marge bénéficiaire d'une seule entreprise, mais bien celle du réseau et éviter une asymétrie des bénéfices (Julien et al., 2003).

1.3.5   L'amélioration de la performance d'une chaîne d'approvisionnement

On ne peut pas améliorer ce que l'on ne mesure pas. Et la chaîne d'approvisionnement ne fait certainement pas exception à cet adage. En chaîne d'approvisionnement, la totalité des indices de performance existants dépasse les besoins réels. Le *Supply Chain Council* (SCC) propose, dans sa méthodologie Supply-Chain Operation Reference (SCOR), des centaines de mesures de performance selon cinq catégories présentées à la Figure 1.4. Le SCC suggère d'ailleurs aux entreprises de choisir un nombre très restreint d'indices parmi la liste qu'il propose et de choisir selon les besoins préalablement définis (Supply Chain Council, 2006).

Mesures de performances				
Fiabilité	Vitesse de réaction	Agilité	Coûts	Actifs

Figure 1.4 Catégories de mesures de performance selon le SCC (2006)

Cette figure est incomplète selon Kelle et Akbulut (2005) qui indiquent que la performance de la chaîne dans son ensemble ne peut se limiter à des indices de performance de productivité et monétaires. Ceux-ci sont insuffisants, il faut aussi évaluer la qualité des relations. Une étude de Bhagwat et Sharma (2007) sur la mesure de performance des chaînes d'approvisionnement, indique qu'un tableau de bord équilibré efficace pour une entreprise doit surveiller les aspects financiers, les processus d'affaires internes, le service à la clientèle, et aussi l'apprentissage et la capacité d'innovation.

Il n'est pas naturel pour toutes entreprises de se détacher de ses intérêts propres pour s'ajuster aux intérêts du groupe. Cette situation paradoxale fait en sorte que l'atteinte des objectifs de performance de la chaîne d'approvisionnement n'est pas chose facile. Autrement dit, la performance est sous-optimale lorsque chaque entreprise s'optimise individuellement (Funda et Robinson, 2002). Pourtant, participer à l'atteinte des objectifs de la chaîne d'approvisionnement est profitable sous différentes formes à tous les acteurs. Renforcer le groupe renforce la position individuelle de chacun et s'impliquer dans la cohésion du groupe donne une robustesse supplémentaire sur les marchés. Pour soutenir cette robustesse, les entreprises de la chaîne d'approvisionnement se fixent des objectifs tels que minimiser les coûts, augmenter le niveau de service, améliorer la communication ou augmenter la flexibilité (Bertolini, Bottani, Rizzi et Bevilacqua, 2007).

Cependant, l'intégration à une chaîne d'approvisionnement représente un risque pour les petites et moyennes entreprises (PME) qui ne leur assure pas automatiquement de tirer avantage de la chaîne d'approvisionnement. Les PME présentent un niveau d'incompatibilité avec les chaînes d'approvisionnement (Arend et Wisner, 2005).

1.3.6   L'incompatibilité des PME avec les chaînes d'approvisionnement

Du point de vue du commerce électronique, Claycomb et al. (2005) définissent la compatibilité comme la concordance avec les valeurs actuelles, les expériences passées et les besoins potentiels des entreprises d'une chaîne d'approvisionnement. D'un côté plus pratique, la difficulté découlant de la compatibilité concerne l'effort d'intégration des différents processus entre les entreprises selon leur capacité et leur volonté (Croom, 2005). Et selon Funda et Robinson (2002), le défi d'une intégration efficace en chaîne d'approvisionnement est causé par la dynamique des structures en évolution et par les objectifs conflictuels des membres de la chaîne d'approvisionnement. En effet, les grandes entreprises (GE) généralement en aval, que l'on peut aussi appeler firmes pivots (Julien et al., 2003), amorcent majoritairement les actions de développement des chaînes d'approvisionnements et peuvent favoriser leurs intérêts par rapport aux PME sous-traitantes en aval. Les PME doivent généralement se confronter à des barrières à l'entrée pour intégrer la chaîne d'approvisionnement des grands donneurs d'ordres. Arend et Wisner (2005) confirment cette situation. Selon leur étude, la chaîne d'approvisionnement peut même engager des coûts de transactions plus élevés pour les PME. De plus, la dépendance à la chaîne d'approvisionnement les expose à des risques financiers importants en cas de rupture du partenariat.

Relativement aux PME et à la gestion des chaînes d'approvisionnement, l'étude faite par Arend et Wisner (2005) traite de la compatibilité entre les deux. Ils en déduisent que cette compatibilité comporte trois problèmes : la vulnérabilité des PME inhérente à leur dépendance à l'égard des entreprises de la chaîne d'approvisionnement, l'absence de modification de la littérature pour tenir compte des effets de la taille de l'entreprise sur les gains retirés, et la croyance générale que l'intégration à une chaîne d'approvisionnement implique inconditionnellement des bénéfices. Ils ont émis trois hypothèses pour expliquer ce phénomène : les PME n'implantent pas correctement la gestion d'une chaîne d'approvisionnement, elles n'utilisent pas la chaîne d'approvisionnement en complémentarité avec leur stratégie et les PME ne choisissent pas librement de s'intégrer. Par conséquent, les PME ont de la difficulté à s'approprier les bénéfices de la chaîne d'approvisionnement (Arend et Wisner, 2005; Vaaland et Heide, 2007). Ce qui indique que les PME ont intérêt à s'investir pour modifier leurs processus internes afin de permettre leur connexion à une chaîne d'approvisionnement (Bertolini et al., 2007).

Néanmoins, les PME peuvent provoquer activement cette réorientation des stratégies d'intégrations. Pour y parvenir, elles peuvent apprendre à mieux exploiter l'information qui circule dans la chaîne d'approvisionnement.

1.3.7   Le pouvoir de l'information

Pour les entreprises ayant des ressources financières considérables, ou pour celles ayant le statut de donneur d'ordres, les paradigmes en chaîne d'approvisionnement d'entreprises leur accordent une autorité naturelle. Il en découle une hiérarchie d'entreprises plaçant généralement les multinationales au sommet et les PME dans une situation de soumission. Ce qui leur laisse peu de considération lors de la prise de décision en situation de négociation ou de collaboration. Toutefois, il existe d'autres cas, notamment lorsque ces PME sont des sous-traitants d'intelligence (Julien et al., 2003).

À l'intérieur d'une chaîne d'approvisionnement où la communication et la collaboration sont critiques, l'information peut devenir une source de pouvoir, voire la source de pouvoir la plus importante. L'asymétrie informationnelle est présente dans les chaînes d'approvisionnement, il s'agit d'une situation dans laquelle une entreprise a un accès privilégier à certaines sources d'information lui permettant de tirer avantage de cette situation (Simatupang et Sridharan, 2005).

William et Moore (2007) définissent le pouvoir de l'information comme l'habileté d'une entreprise à recueillir, interpréter et générer de l'information précieuse et unique concernant le marché ou nécessaire au fonctionnement de la chaîne d'approvisionnement. Cette nouvelle source d'influence peut aider à rétablir les asymétries et encourager une collaboration équitable entre les membres d'une chaîne d'approvisionnement. Toutefois, le développement du pouvoir de l'information nécessite préalablement une capacité d'intégrer l'information et de se connecter efficacement aux flux d'information. De cette façon, la capacité d'extraire une information riche en potentiel pour optimiser la chaîne d'approvisionnement se voit multipliée. En revanche, le pouvoir de l'information est totalement dépendant du système d'information qui gère l'accès à l'information dans la chaîne d'approvisionnement.

1.4 Système d'information interorganisationnel

Les systèmes d'information interorganisationnels soutiennent la collaboration et l'échange d'information. Ils permettent de tisser des canaux de communication entre les entreprises d'une chaîne d'approvisionnement.

1.4.1   Les besoins en information de la chaîne d'approvisionnement

Comme mentionnée précédemment, la gestion de la chaîne d'approvisionnement implique une gestion des interconnexions entre entreprises (Williamson et al., 2004) pour faciliter un flux matériel et un flux d'information (Schnetzler et Schonsleben, 2007). Selon Williams et Moore (2007), le flux d'information est plus important que le flux de matériel puisque la distribution de l'information précède la distribution du produit. L'amélioration du flux d'information influence directement la performance d'une chaîne d'approvisionnement en soutenant la coordination des efforts de planification, de production et d'approvisionnement interne avec ceux des partenaires externes. Ce qui nécessite un échange d'information constamment soutenu. Les systèmes d'informations sont indispensables pour assurer cette fonction. Aujourd'hui, la portée de ces systèmes ne cesse de s'étirer au-delà des limites d'une entreprise pour partager de l'information et même accéder aux bases de données de plusieurs collaborateurs (Williamson et al., 2004). Également, Raymond (2005) indique que l'incertitude présente dans l'environnement au milieu duquel évoluent les PME et les GE crée aussi un besoin en information. Cette instabilité exige une acquisition continue d'information variée, et une capacité de traitement de l'information croissante de la part de ces entreprises pour qu'elles assurent leur survie.

1.4.2   Définition d'un SIIO

La Figure 1.5 schématise un SI qui est défini comme un ensemble de composantes inter reliées qui récoltent de l'information, la traitent, la stockent et la diffusent pour supporter la prise de décisions, le contrôle et la coordination au sein d'une organisation. Ce système contient des informations sur des endroits, des personnes ou des choses qui ont de l'importance pour l'organisation et son environnement (Laudon, Laudon, Gingras et Bergeron, 2006).

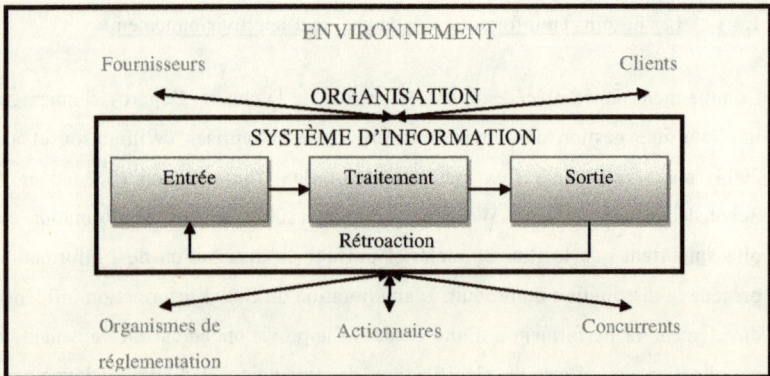

Figure 1.5 Fonctions et environnement d'un système d'information (Laudon et al., 2006)

Globalement, le SIIO est un SI qui a comme particularité supplémentaire de supporter des processus qui traversent les frontières d'une même organisation pour coupler étroitement plusieurs entreprises.

1.4.3   Les avantages d'un système d'information

Les SI présentent des avantages considérables pour les entreprises d'une chaîne d'approvisionnement. De nos jours, avec une répartition des partenaires partout sur le globe et des consommateurs aux exigences croissantes, les systèmes d'information interorganisationnels sont indispensables aux communications.

En effet, un SIIO peut réduire les coûts de coordination, les coûts de transaction et compresse les délais administratifs. Ce qui s'explique par une assistance au traitement de l'information lors de l'entrée de données, du traitement de ces données, et lors de l'échange et de la distribution d'information (Humphreys, Lai et Sculli, 2001). De manière plus appliquée, prenons comme exemple Kelle et Akbulut (2005) qui démontrent qu'un acheteur qui accède à la planification de la production et de la livraison d'un fournisseur peut améliorer sa propre production et son transport. En plus, un fournisseur peut avoir accès au niveau des stocks en temps réel de son client pour planifier son propre niveau des stocks et produire en flux tendu.

24

1.4.4   Le développement d'un SI

Chaque chaîne d'approvisionnement est unique si l'on considère la diversité des acteurs, des produits et de l'environnement qui la compose. Selon une étude de Raymond et Croteau (2009) portant sur la performance des PME, il n'existe pas de stratégie manufacturière qui puisse améliorer la performance d'une entreprise indifféremment de sa stratégie d'affaires. C'est la qualité de l'alignement entre la stratégie manufacturière et la stratégie d'affaires qui est responsable de l'amélioration de la performance d'une organisation. Partant de ces résultats, on peut considérer qu'il n'existe pas de système d'information optimal pour toutes chaînes d'approvisionnement confondues. Ce qui veut dire que chaque nouveau système d'information peut s'appuyer sur un système existant, mais ne doit pas être simplement reproduit sans adaptation. De plus, un SIIO doit être maintenu en constante évolution pour supporter la croissance d'une chaîne d'approvisionnement et ses changements organisationnels. Dans ces conditions, il est fondamental de garder en tête des lignes directrices pour orienter ce développement continu.

1.4.5   Caractéristiques recherchées d'un SIIO

En premier lieu, un système d'information devrait permettre d'aligner les objectifs stratégiques des entreprises avec ceux de la chaîne d'approvisionnement en répondant aux besoins individuels et communs à la fois. Ce qui demande de supporter les processus qui interagissent entre les acteurs qui influencent l'atteinte des objectifs.

Dans un contexte où la gestion des chaînes d'approvisionnement doit composer avec des PME et des GE, il faut être en mesure de traduire et d'organiser l'information en un langage commun pour tous les acteurs de la chaîne. Il faut repenser l'adaptation des systèmes d'information qui ont été développés majoritairement par les GE puisque les PME gèrent leur système d'information de manière moins formelle (Lefebvre, Lefebvre, Elia et Boeck, 2005).

Selon Claycomb et al. (2005), la décentralisation des expertises et de l'information favorise l'apprentissage organisationnel. Dans le contexte actuel où les entreprises doivent se soumettre à des politiques d'amélioration pour rester compétitives, le système d'information utilisé doit encourager cette décentralisation du pouvoir décisionnel. Ce qui favorise l'autonomie des entreprises face à la prise de décision pour améliorer la vitesse de réaction de la chaîne d'approvisionnement.

1.4.6 L'information transmise par les SI

L'information transmise par les systèmes d'information se rattache à des processus d'affaires qui ont chacun besoin de données particulières pour assurer diverses fonctions. L'étude de Lancioni et al. (2003b) démontre en détail ces processus et les données échangées selon une enquête effectuée auprès d'entreprises œuvrant dans les domaines manufacturiers et des services. Les processus mentionnés sont l'approvisionnement, le transport, le service à la clientèle, le traitement des commandes, les relations avec les vendeurs, la gestion des stocks et l'ordonnancement de production.

Globalement, Kelle et Akbulut (2005) déclarent que les données les plus importantes à partager entre les collaborateurs d'une chaîne d'approvisionnement englobent l'information sur les opérations, sur la planification, sur les besoins du client et l'information financière. Leur article indique même qu'une gestion conjointe des stocks de sécurité peut engendrer des économies de 15 à 400 %. Funda et Robinson (2002) proposent des éléments d'échanges plus concrets entre entreprises : état et coût des produits, transports et rabais de quantité, coûts des stocks, niveaux des stocks, capacité pour les divers produits, la demande et les stratégies promotionnelles.

La pertinence d'un système d'information est directement dépendante de la qualité de l'information qu'il traite. À ce sujet, Schnetzler et Schonsleben (2007) indiquent qu'il est primordial de s'assurer de la qualité d'une information avant de l'utiliser afin d'obtenir une planification fiable, efficace et peu coûteuse. À cet effet, une information erronée peut induire un décalage avec la réalité qui se propage tout au long de la chaîne d'approvisionnement. Inévitablement, ce décalage entraîne des conséquences indésirables sur l'utilisateur. Ces deux auteurs décrivent dans leur article les quatre volets de la qualité d'une information tels que présentés à la Figure 1.6.

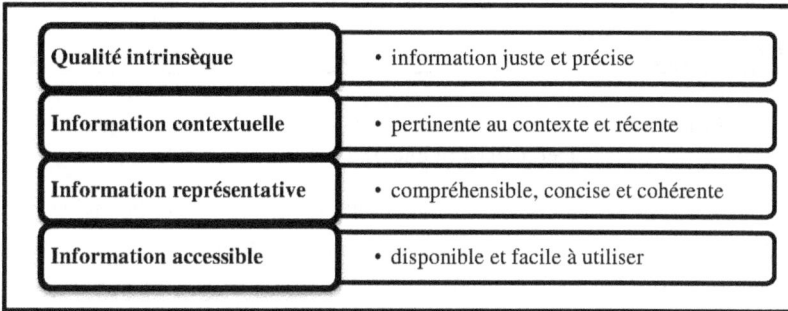

Qualité intrinsèque	• information juste et précise
Information contextuelle	• pertinente au contexte et récente
Information représentative	• compréhensible, concise et cohérente
Information accessible	• disponible et facile à utiliser

Figure 1.6 Volets de la qualité de l'information (Schnetzler et Schonsleben, 2007)

1.4.7   Contraintes et limites à l'élaboration d'un SIIO

Un système d'information inter organisationnel nécessite une infrastructure réseau étendue à plusieurs entreprises et Internet est l'infrastructure la plus répandue. Ce qui implique que les relations d'affaires qui se tissent à l'aide d'Internet en chaîne d'approvisionnement se rapprochent du commerce électronique. Dans une étude portant sur le commerce électronique, Dai et Kauffman (2002) énoncent une liste d'obstacles qui restreignent l'implantation d'un système supportant le commerce électronique interentreprises. Cette liste de facteurs résistance, qui est présentée à la Figure 1.7, est particulièrement pertinente pour favoriser l'efficacité d'un SIIO en chaîne d'approvisionnement.

La confiance	• Le système doit être sécurisé, processus équitables pour les acteurs
La préparation du secteur	• Il faut que les entreprises aient les ressources nécessaires pour utiliser le système (infrastructures, connaissances)
Un point de contact unique	• Le point d'accès au système d'information doit être centralisé (un seul logiciel)
Compatibilité des systèmes	• Le transfert d'information entre les ordinateurs ne doit pas être complexe.

Figure 1.7 Facteurs de résistance à l'adoption d'un système web pour le commerce électronique (Dai et Kauffman, 2002)

Une autre contrainte importante se manifeste par la difficulté qu'ont les gestionnaires à décider de la manière d'intégrer le système d'information à leurs processus (Lancioni et al., 2003a). De plus, la taille des entreprises vient influencer la capacité à développer et à implanter un système d'information. Les grandes entreprises peuvent dévouer les ressources nécessaires pour intégrer leurs activités (Lancioni et al., 2003a). Ce qui n'est pas le cas pour les petites entreprises qui peuvent éprouver de la difficulté à faire de même.

1.4.8   Implantation d'un SIIO

De plus, implanter un système d'information impliquant plusieurs entreprises exige une formation auprès de tous les utilisateurs. Chaque entreprise doit aussi investir le minimum de ressources nécessaires. Il ne faut pas sous-estimer la turbulence que peut créer l'implantation à l'intérieur des processus déjà en place. Ce changement organisationnel doit se faire avec une considération majeure pour le facteur humain. Le rôle décisif qu'occupe ce dernier en situation d'implantation des TI (Gunasekaran et Ngai, 2004) amène un lot de défis considérables pour les gestionnaires (Williamson et al., 2004). À cet égard, ils ne peuvent faire fi des facteurs sociaux et organisationnels, des perceptions, de la culture et du leadership qui englobe cette situation (Schnetzler et Schonsleben, 2007).

28

1.5   Les technologies de l'information

Le rôle indispensable qu'occupent les systèmes d'information dans l'amélioration des communications a été démontré précédemment. Pour concrétiser efficacement ces liens entre les entreprises, les systèmes d'informations exploitent les technologies de l'information (TI). En effet, l'information doit se communiquer en formats informatisés à travers toute la chaîne d'approvisionnement et les TI assurent cette fonction.

1.5.1   La définition des technologies de l'information (TI)

Parmi les différentes définitions existantes des TI, deux d'entre elles se complètent pour désigner ce terme. D'une part, le Grand dictionnaire terminologique nous donne comme définition : Ensemble des matériels, logiciels et services utilisés pour la collecte, le traitement et la transmission de l'information (Office québécois de la langue française, 2002). D'une autre part, Laudon et al. (2006) donnent une définition plus globale selon laquelle les TI englobent tous systèmes d'information informatisés utilisés par les organisations, ainsi que toutes les technologies sous-jacentes. Autrement dit, les TI forment un sous-ensemble des SI et constituent le canal de communication et les unités de traitement de l'information par lesquels le flux d'information circule entre les organisations.

1.5.2   L'importance des TI en chaîne d'approvisionnement

La place des TI dans le développement des réseaux d'entreprises est grandissante parce que les interactions d'un SIIO s'améliorent significativement en les utilisant. Ce les TI qui permettent d'opérer des chaînes d'approvisionnement dispersées (Kovacs et Paganelli, 2003). De surcroît, Schnetzler et Schonsleben (2007) affirment qu'il est impossible d'obtenir une chaîne d'approvisionnement efficace sans TI, car elles viennent redéfinir les liens entre les nœuds (organisations) d'une chaîne d'approvisionnement pour créer de nouvelles fonctionnalités et de nouvelles capacités pour intégrer les processus. Citons

29

comme exemple pour ces nouvelles fonctionnalités un progiciel de gestion (PGI) avec une portée interorganisationnelle tel que les ERP II (Bond et al., 2000). Kelle et Akbulut (2005) ont étudié la question et révèlent qu'un tel logiciel engendre une coordination des activités de commande et de transport permettant des économies globales maximales sur tout le système d'entreprises touché. De plus, ils concluent que le bon fonctionnement de ce système demande un échange important d'information sur la planification et les opérations et seules les TI peuvent assurer cet échange entre les systèmes. En fait, l'utilisation des TI pour établir des relations électroniques permet de faire un pas de plus vers une intégration de la chaîne d'approvisionnement (Vaaland et Heide, 2007). Cependant, un travail de sensibilisation ou d'adaptation doit encore être fait auprès des entreprises canadiennes. Une enquête auprès de 118 PME canadiennes révèle que moins du tiers de ces entreprises ont implanté des applications et des technologies de production avancée orientées sur l'intégration des processus intra et interorganisationnels (MRP, ERP, MRP-II, EDI) (Raymond, 2005).

Parmi tous les outils qu'offrent les TI pour la chaîne d'approvisionnement, Internet est l'un des plus importants et des plus répandus. Il y a plusieurs explications à cela. L'utilisation d'Internet renforce la communication et le partage d'informations avec les partenaires (Cagliano, Caniato et Spina, 2005). C'est aussi un canal de communication avec de nouvelles opportunités d'affiliation, de relation et de transaction (Croom, 2005). De plus, la combinaison des TI et d'Internet permet une relation bilatérale et un niveau de coordination impossible auparavant pour les organisations et particulièrement les PME (Hvolby et Trienekens, 2002).

1.5.3   Le rôle clé d'Internet en chaîne d'approvisionnement

Antérieurement, il a été mentionné qu'un SIIO branché sur Internet permet d'obtenir une amélioration de la qualité des communications et de l'efficacité du flux d'information entre les entreprises (Lancioni et al., 2003a; Williamson et al., 2004).

En effet, Internet permet un accès à de l'information en temps réel et une communication entre les diverses bases de données maintenues par les différentes entreprises d'une chaîne d'approvisionnement (Lancioni et al., 2003b). Ce qui permet aux gestionnaires d'avoir accès à des données rapidement leur permettant de prendre des mesures correctives critiques (Williamson et al., 2004). Internet représente aussi un avantage économique puisqu'il s'agit d'une infrastructure déjà existante et à faible coût (Lancioni et al., 2003a). Étant donné que la gestion des chaînes d'approvisionnement est un processus coûteux, l'utilisation d'Internet ouvre la porte aux PME qui désirent se joindre à un mouvement collaboratif, mais qui n'ont pas les ressources pour investir dans un réseau privé. En d'autres mots, l'étendue d'Internet et du Web facilite le développement du commerce électronique entre entreprises indifféremment de la taille de celles-ci (Hayashi et Mizoguchi, 2003).

Une étude portée par Gallear et al. (2008) relève les principaux avantages perçus par des dirigeants concernant l'utilisation des technologies web au sein de leur chaîne d'approvisionnement. Les résultats de cet article sont présentés à la Figure 1.8 qui suit.

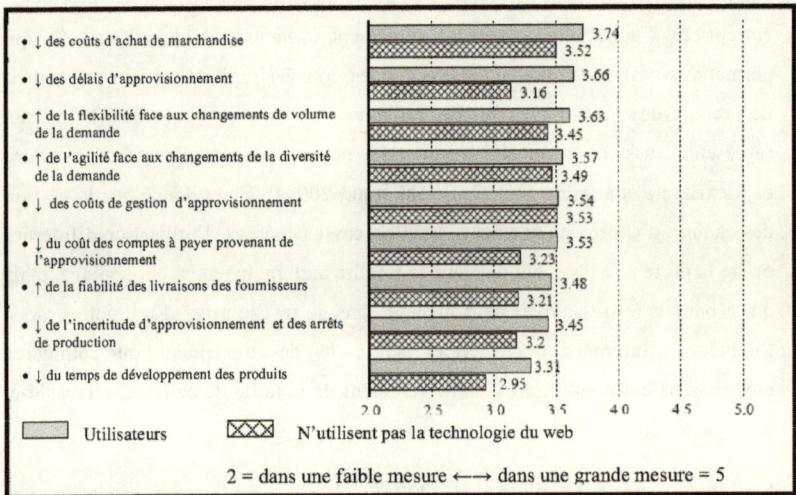

	Utilisateurs	Valeur

- ↓ des coûts d'achat de marchandise — 3.74 / 3.52
- ↓ des délais d'approvisionnement — 3.66 / 3.16
- ↑ de la flexibilité face aux changements de volume de la demande — 3.63 / 3.45
- ↑ de l'agilité face aux changements de la diversité de la demande — 3.57 / 3.49
- ↓ des coûts de gestion d'approvisionnement — 3.54 / 3.53
- ↓ du coût des comptes à payer provenant de l'approvisionnement — 3.53 / 3.23
- ↑ de la fiabilité des livraisons des fournisseurs — 3.48 / 3.21
- ↓ de l'incertitude d'approvisionnement et des arrêts de production — 3.45 / 3.2
- ↓ du temps de développement des produits — 3.31 / 2.95

Utilisateurs ⬜ N'utilisent pas la technologie du web ▨

2 = dans une faible mesure ←→ dans une grande mesure = 5

Figure 1.8 Perception des bénéfices par l'utilisation des technologies web pour l'approvisionnement (Gallear et al., 2008).

Internet influence aussi les relations inter entreprises. Paradoxalement, les avis des experts sur la question vont d'un extrême à l'autre. D'une part, Internet encourage le développement des relations plus serrées. L'étude de Cagliano et al. (2005) vient soutenir cette conclusion et ils affirment qu'une utilisation étendue d'Internet au long de la chaîne d'approvisionnement est couplée principalement à une collaboration rapprochée. Cependant, l'utilisation de l'Internet peut aussi aller à l'opposé d'une collaboration rapprochée. En effet, puisque les prix des marchandises sur le Web peuvent fluctuer rapidement et que les technologies web permettent d'établir rapidement un contact avec des fournisseurs potentiels à l'échelle mondiale, la recherche du prix le plus bas peut faire en sorte que les fournisseurs soient substitués régulièrement. Ce qui peut atténuer l'enthousiasme de certaines entreprises à investir dans des relations à long terme. Berlak et Weber (2004) encouragent cette attitude avec les PME. Ils prétendent que la compétitivité des PME peut augmenter par l'établissement de coopérations de courte durée en utilisant Internet. En effet, Internet leur permet d'adopter facilement une attitude opportuniste pour établir le contact avec plusieurs réseaux d'entreprises à faible coût. En résumé, selon l'usage et les objectifs, l'Internet peut supporter les relations à court et à long terme.

Il n'en existe pas moins une liste intéressante d'avantages dont peuvent profiter les PME qui adoptent des pratiques du commerce électronique. Une présence sur le Web augmente leur visibilité, les marchés à leur portée se multiplient, cela facilite la percée des nouveaux marchés, il y a une amélioration des communications et des relations avec les clients, etc (Lefebvre et al., 2005). Il reste encore un décalage ou un manque de compréhension de la part des PME sur les avantages qu'apportent Internet et le commerce électronique. Certaines manquent de perception du besoin, alors que d'autres en sous-estiment le potentiel et n'en profitent pas, et même qu'elles n'arrivent pas à déterminer les solutions électroniques adéquates (Archer, Wang et Kang, 2008; Lefebvre et al., 2005; Vaaland et Heide, 2007).

Alors que certaines organisations ne savent pas comment exploiter le commerce électronique, une majorité d'entre elles sont tout de même sensibles à son utilité comme le fait remarquer Croom (2005). Son étude aborde la question des affaires électroniques dans un contexte de chaîne d'approvisionnement. L'auteur indique que les affaires électroniques ont un impact majeur sur le contrôle de la planification, des prévisions et du renouvellement des stocks. Précisons que 79 % des répondants de son étude par sondage considèrent les affaires électroniques comme une initiative stratégique. Le Tableau 1.1 qui suit résume les stratégies visées par les organisations avec la pratique du commerce électronique en chaîne d'approvisionnement.

**Tableau 1.1 Stratégies visées par l'implantation du commerce électronique
(Croom, 2005)**

Stratégies de la chaîne d'approvisionnement	Fréquence (%)
Intégration de la chaîne d'approvisionnement	79,5
Pression sur les prix et réduction des coûts	69,9
Développement de la connaissance et de l'apprentissage	56,6
Propriété intellectuelle et contrôle du flux d'information	51,8
Rapidité de changement en affaires	45,8
Gestion des clients et des fournisseurs à l'échelle mondiale	41
Développement des pratiques d'approvisionnement électronique *(e-procurement)*	38,6
Gestion du temps de passage	19,3

Internet ouvre une fenêtre aux organisations et permet de réaliser des échanges,
de biens, d'informations et de services que ce soit avant, pendant ou après la
vente (Claycomb et al., 2005).

1.5.4   La standardisation de l'échange des données avec les TI

Les TI améliorent la communication entre les organisations et les systèmes en
facilitant le transfert de données et en automatisant certaines tâches. Tout ceci est
rendu possible par l'utilisation de standard à travers la diversité des systèmes et
des processus des entreprises. Ici, le survol du sujet se concentre essentiellement
sur la standardisation entre les systèmes informatiques pour assister le flux
d'information.

L'échange de données informatisées (EDI) est particulièrement efficace pour canaliser le transfert de données entre entreprises. Il s'agit d'une procédure mettant en relation des entités ou diverses sections d'une entité au moyen d'un format normalisé, avec un minimum d'intervention humaine, en vue de rationaliser les échanges d'informations ou de documents et le traitement des opérations par voie électronique (Office québécois de la langue française, 2002). L'EDI permet un échange de documents en format standard sur un réseau d'ordinateurs (Angeles et Nath, 2003). En combinaison avec le Web, il permet de réduire les coûts de transaction et augmente l'accès à l'information des fournisseurs (Claycomb et al., 2005). De plus, il contribue aux initiatives de *vendor managed inventory* (VMI), à une réponse rapide aux clients, aux initiatives de *total quality management* (TQM) et au juste-à-temps (JAT). En revanche, l'EDI est un système qui peut être coûteux offrant tout de même un format commun et facilitant la compatibilité et la vitesse de transmission (Croom, 2005).

Cependant, l'EDI est majoritairement développé par les GE étant donné le coût élevé de développement et le support informatique nécessaire. De plus, la compatibilité est unique pour chaque couple de systèmes informatiques qui communiquent. L'EDI reste encore difficile d'accès aux PME, Gallear et al. (2008) relatant que des petites entreprises sont exclues des projets d'implantation de systèmes EDI face à la complexité des logiciels, à la présence de standards rivaux et aux coûts associés.

Néanmoins, il existe le langage XML, *eXtensible Markup Language*. Ce dernier offre un compromis intéressant pour pallier à la difficulté d'assimilation de l'information entre systèmes. En effet, le XML définit des modèles standards de documents pour échanger entre partenaires sans toutefois automatiser l'échange de ces documents entre les systèmes.

Ce qui réduit les coûts de développement et la complexité du processus de contrôle des systèmes de collaboration (Hayashi et Mizoguchi, 2003). Le langage XML se présente comme le substitut de l'EDI pour réduire significativement les besoins en ressources lors du développement et de la maintenance.

35

1.6 Résumé de la problématique générale de la recherche

En résumé, les entreprises auraient intérêt à se recentrer sur leur chaîne d'approvisionnement afin de développer une vision systémique et développer une collaboration à l'échelle de cette chaîne, si elles veulent demeurer compétitives face à la pression asiatique. Pour y parvenir, elles doivent restructurer la façon de communiquer et d'interagir avec l'information circulant entre les entreprises. Cette restructuration demande de porter une attention à la gestion de la chaîne d'approvisionnement pour identifier tous les intervenants dans la fabrication des produits, pour entretenir une relation favorable à la collaboration entre ces entreprises, pour intégrer des PME et des GE, et pour ensuite améliorer la performance de la chaîne d'approvisionnement. Toutefois, la gestion de la chaîne d'approvisionnement demande un échange d'information continu et soutenu par un SI adapté aux besoins de la chaîne d'approvisionnement. Le développement de ce SIIO doit soutenir le flux d'information entre les différents processus d'affaires interentreprises. Ce SIIO doit être adapté aux besoins en information des PME et des GE pour que toutes les entreprises de la chaîne en profitent. Les TI représentent le moyen indispensable de concrétiser un nouveau mode de communication entre les acteurs de la chaîne d'approvisionnement avec des logiciels collaboratifs, une infrastructure réseau et Internet. Dans l'ensemble, tout porte à croire que l'amélioration du flux d'information dans une chaîne d'approvisionnement permet d'en améliorer la performance. Cette supposition doit être vérifiée et validée.

CHAPITRE 2 : PROBLÉMATIQUE SPÉCIFIQUE DE LA RECHERCHE

L'objectif principal de ce mémoire consiste à suivre le développement et l'implantation d'un SIIO exploitant les TI, dans une chaîne d'approvisionnement composée de PME et de GE, afin de déterminer l'influence de la qualité du flux d'information sur la réduction du temps de passage à l'intérieur d'une chaîne d'approvisionnement. Ce SIIO est développé avec des entreprises québécoises du secteur du meuble. Il vient assister l'échange d'information et soutenir la collaboration entre ces entreprises à l'intérieur de la chaîne d'approvisionnement.

2.1   Question de recherche

Voici la question de recherche de ce mémoire qui résume les objectifs présentés précédemment :

> Est-ce que l'amélioration de la qualité du flux d'information à l'intérieur d'une chaîne d'approvisionnement permet de réduire le temps de passage?

On suppose que l'amélioration de la qualité du flux d'information se concrétise par la présence d'un SIIO développé et implanté. Autrement dit, il s'agit de déterminer si l'existence du SIIO, développé par la Chaire industrielle de recherche sur le meuble (CIRM) en collaboration avec les utilisateurs, vient améliorer la productivité de leur chaîne d'approvisionnement pour livrer un produit dans des délais encore plus courts. L'impact de l'amélioration du flux d'information, c'est-à-dire du SIIO, est déterminé à l'aide d'indicateurs de performance, adaptés du modèle SCOR (Supply Chain Council, 2006), pour évaluer le temps de passage à l'intérieur de la chaîne d'approvisionnement. Ces indices de performance sont définis à la section 2.4 du document.

Les résultats obtenus à partir des indices de performance sont appuyés par deux autres variables pour expliquer ces résultats. Premièrement, il faut déterminer si le SIIO crée une amélioration du flux d'information selon l'accessibilité à l'information, la diversité de son contenu et la quantité de données qui circule entre les entreprises. Deuxièmement, il faut évaluer les TI utilisées pour développer le SIIO en ce qui concerne la satisfaction des utilisateurs et l'alignement de ces TI avec les stratégies d'affaires en place dans chacune des entreprises. La Figure 2.1 démontre les variables à mesurer pour répondre à la question de recherche ainsi que la dépendance des indicateurs de performance envers les TI utilisées et le flux d'information créé.

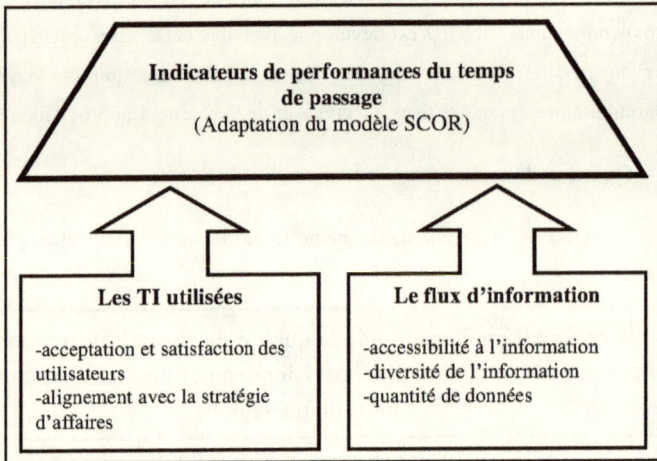

Figure 2.1 Variables à mesurer pour répondre à la question de recherche

Comme il a été mentionné précédemment, la mesure de performance observée pour évaluer l'impact de ce SIIO sur la chaîne d'approvisionnement est le temps de passage à l'intérieur du groupe d'entreprises. En théorie, ce temps de passage représente le temps total entre le moment de la commande d'un produit par un consommateur et la livraison du même produit à ce dernier. Dans cette étude, seulement la section de cette chaîne touchant la fabrication des produits est analysée puisqu'il est impossible d'y inclure toutes les entreprises concernées. Ce qui se résume à évaluer le temps total entre le moment où le donneur d'ordres commande des composantes et la réception de celles-ci par ce dernier.

Plusieurs raisons expliquent le choix du temps de passage pour évaluer la performance de la chaîne d'approvisionnement. Il influence la hausse et la baisse du niveau des stocks à maintenir, la taille des lots de production et le coût d'entreposage. De plus, la variabilité de la demande et la personnalisation des produits exigent une flexibilité importante de la part des fabricants de meubles québécois et le temps de passage s'avère critique pour garantir cette flexibilité. Également, le délai de livraison des produits nord-américains vers les détaillants est un critère de sélection important pour ces détaillants face à la concurrence des produits asiatiques. Cette diminution des délais de fabrication est aussi une action favorable à l'implantation des stratégies de gestion telles que la production allégée *(Lean manufacturing)* et le Juste-à-Temps. En d'autres mots, la diminution du temps de passage est censée entraîner une amélioration de la performance opérationnelle, de la productivité et de la performance financière.

Puisque l'acquisition d'un SIIO ne garantit pas une diminution du temps de passage réseau, le flux d'information doit aussi être évalué pour expliquer les résultats obtenus concernant ce temps de passage. Compte tenu de l'impact de la collaboration et de la communication entre les entreprises sur la performance de la chaîne d'approvisionnement, une analyse de l'efficacité de la circulation et de l'accessibilité à l'information dans la chaîne d'approvisionnement est nécessaire. Cette analyse focalise sur la portée du SIIO et sur le nombre d'interconnexions qu'il crée entre les entreprises et à l'intérieur de celles-ci. De cette manière, l'efficacité de la communication peut aussi être évaluée.

Non seulement l'efficacité du flux d'information est une variable explicative des résultats mesurés concernant la réduction du temps de passage en réseau d'entreprises, mais l'utilisation des TI dans le développement du SIIO en est une tout aussi importante. D'abord, il faut s'interroger sur l'utilisation adéquate des TI pour fournir une interface qui est favorable à l'adoption et à l'acceptation par les utilisateurs, et qui n'engendre pas de conflit avec les processus internes de chaque entreprise. Ensuite, il faut évaluer s'il existe une cohérence entre le SIIO et la stratégie d'affaires de chaque entreprise pour obtenir les gains espérés sur la performance.

L'utilisation des TI est évaluée selon deux volets. Le premier est fonction du niveau d'acception et de satisfaction des utilisateurs envers le SIIO. Cette évaluation est faite à partir du *Technology Acceptance Model* (TAM) de Davis

39

(1989). Il s'agit d'un modèle validé qui se base sur l'évaluation de la facilité d'utilisation et de l'utilité des TI comme déterminants fondamentaux de l'utilisation de ces technologies. Cette analyse de la satisfaction des utilisateurs des TI est particulièrement importante puisqu'elle influence directement l'assimilation du SIIO par les entreprises. Le niveau d'assimilation et de maîtrise est définitivement plus critique que la simple acquisition d'une technologie puisqu'il détermine le niveau avec lequel les entreprises maîtrisent une technologie et l'intègrent à leurs processus (Raymond, 2005).

Le deuxième volet consiste à évaluer la relation entre l'utilisation du SIIO et la stratégie d'affaires de chaque entreprise pour arriver à réduire le temps de passage réseau. À cet effet, l'étude de Raymond et Croteau (2009) confirme qu'il existe un lien entre la stratégie d'affaires d'une entreprise, sa stratégie manufacturière et sa performance. Selon cette étude, plus l'alignement entre la stratégie d'affaires et la stratégie manufacturière est élevé, meilleure est la performance de l'entreprise. De plus, cette étude démontre que l'alignement entre la stratégie d'affaires et la stratégie manufacturière dépend de l'assimilation de certains systèmes de fabrication de pointe (SFP). Considérant que le SIIO développé s'apparente à un SFP, cette étude sert de référence pour évaluer si le SIIO évolue dans un milieu où les stratégies d'affaires et manufacturières sont favorables à l'amélioration de la performance de la chaîne d'approvisionnement.

La suite de ce chapitre présente la structure sur laquelle le SIIO repose pour connecter les entreprises de la chaîne d'approvisionnement entre elles et l'environnement dans lequel il est développé.

2.2 Architecture du SIIO

Dans le cadre de ce mémoire, un SIIO est développé pour améliorer le flux d'information et en mesurer l'impact sur le temps de passage à l'intérieur de trois niveaux d'entreprises d'une chaîne d'approvisionnement. Ces trois niveaux se constituent de fournisseurs de matière première, des sous-traitants qui fabriquent les composantes et d'un donneur d'ordres qui assemble le produit final.

La Figure 2.2, qui suit, schématise l'architecture du SIIO entre les intervenants de la chaîne d'approvisionnement qui participent à l'étude.

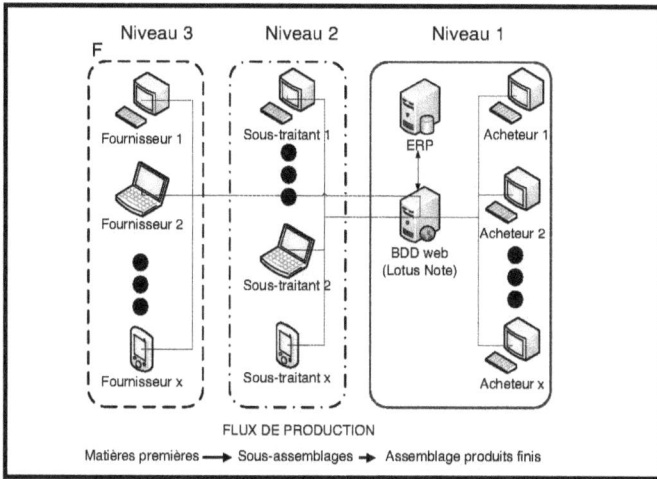

Figure 2.2 Architecture du SIIO

Le système proposé se base sur une structure simple demandant peu de ressources aux PME, se situant surtout au niveau 2 de la chaîne d'approvisionnement, et leur laisse un pouvoir de négociation sur le choix de l'information à échanger.

D'une façon générale, l'échange d'informations se fait à partir d'une base de données centrale gérée par le donneur d'ordres qui est la firme pivot de la chaîne d'approvisionnement (Statistic Canada, 2009). Les sous-traitants peuvent interroger la base de données en utilisant Internet et un logiciel client. Toutefois, l'accès est sécurisé par un nom d'utilisateur et un mot de passe. L'accès est aussi personnalisé pour chaque sous-traitant et ils ne peuvent accéder qu'à l'information qui est propre à leur profil.

Chaque entreprise possédant un profil doit se connecter à cette base de données pour accéder à l'information qui lui est nécessaire. De cette façon, on évite la complexité qui relève de la compatibilité entre plusieurs systèmes et des investissements qui y sont rattachés. Aussi, cette méthode permet aux entreprises d'augmenter leur accès en information à leur propre rythme. Elles peuvent ensuite s'habituer graduellement à une assimilation grandissante d'information selon leurs capacités. Chaque profil sous-traitant doit pouvoir consulter, modifier ou télécharger certaines informations qui sont validées par les employés du département de l'approvisionnement du donneur d'ordres puisque ce dernier est la source principale d'information à diffuser. Ce qui crée une situation d'asymétrie informationnelle (Simatupang et Sridharan, 2005).

Également, une connexion avec un échange de données direct de type EDI entre les différents systèmes est à écarter. Il faut envisager une réticence des entreprises face aux coûts d'achat, d'implantation, de configuration et de maintenance d'un tel système. Tous les sous-traitants qui approvisionnent le donneur d'ordres sont des PME qui peuvent difficilement investir des sommes importantes, avec des niveaux technologiques variés, avec des stratégies de gestion distinctes et avec des logiciels de gestion différents.

Maintenant que la structure du SIIO est présentée, voyons plus en détail la méthode de mesure des variables de la question de recherche telles qu'elles sont présentées à la Figure 9.

2.3   La mesure des indicateurs de performance adaptés du modèle SCOR

L'évaluation des gains sur le temps de passage se fait en mesurant plusieurs indices de performances qui s'inspirent du modèle SCOR, développé par le SCC (Supply Chain Council, 2006). Ce dernier se décrit comme un consortium reconnu internationalement, à but non lucratif, qui propose des méthodologies, des outils de diagnostic et de test de performance pour aider ses membres à améliorer efficacement les processus reliés à leur chaîne d'approvisionnement. Une comparaison des changements est réalisée en prenant certaines mesures au tout début de projet et en recalculant les mêmes données après l'implantation du SIIO. Les mesures prises se répartissent en quatre catégories, en lien avec le temps de passage en réseau d'entreprises, qui sont les stocks, les délais, la capacité et la planification. Chacune de ces mesures est décrite au Tableau 2.1 sur la page suivante avec une description de chacune d'elles.

Tableau 2.1 Indicateurs de performance adaptés du modèle SCOR (Supply Chain Council, 2006)

Indices de performance	Description	Formule
Stocks		
Taille moyenne des lots	Taille moyenne des lots livrés par les sous-traitants	LOT_{moy}
Taux de pénurie	La quantité de produits tombés en pénurie/ la totalité des produits avec des livraisons anticipées pour une période de temps donnée.	$T_{pén} = QP_{pén} / QP_{TOT}$
Délai		
Taux de retard chez le donneur d'ordres en provenance des sous-traitants	Nombre de lots livrés en retard / le nombre total de lots livrés	$TRET = QLOT_{RET} / QLOT_{TOT}$
Temps moyen de passage chez le sous-traitant	Temps entre la réception du PO chez le sous-traitant et la réception chez donneur d'ordres.	TP_{ST}
Temps de passage moyen chez le fournisseur	Temps entre la réception du PO chez le fournisseur et la réception chez le sous-traitant.	TP_{FOUR}
Taux de service vers le donneur d'ordres	1- (valeur des commandes ayant une date de livraison $\neq$ date requise / valeur totale des commandes) *100	$T_S = 1-(R/V_{RES})$
Capacité		
Taux de disponibilité	1-(Chiffre d'affaires total / chiffre d'affaires max théorique)	$T_D = 1- (V / V_{TH})$
Agilité du réseau	Capacité du réseau de produire simultanément un éventail de produits différents N_C : Nombre de lots différents traités N_{BO} : Nombre de lots livrés en retard	$AG_R = N_C / N_{BO}$
Planification		
Quantité de lots différents commandés par semaine	La quantité de lots différents reçus en commande par semaine	Q_{LOTS}

2.3.1 Les stocks

En utilisant la taille des lots, il est possible de repérer une des causes d'un long temps de passage puisque de gros lots de production augmentent le temps de fabrication des produits.

La taille moyenne des lots (LOT_{moy}) représente la quantité moyenne des lots livrés pour tous les items qui transigent entre les sous-traitants et le donneur d'ordres.

Le taux de pénurie évalue l'ampleur des conséquences négatives des délais d'approvisionnement trop longs sur la satisfaction des clients et des consommateurs.

Le taux de pénurie ($T_{pén}$) s'exprime en termes de quantité de produits tombés en rupture de stock ($QP_{pén}$) pendant une période visée sur la totalité des produits dont la date anticipée de livraison se trouve à l'intérieur de cette même période (QP_{TOT}).

$$T_{pén} = QP_{pén} / QP_{TOT} \qquad\qquad (1)$$

2.3.2 Les délais

La somme des différents délais mesurés forme des segments qui contribuent au temps de passage dans la chaîne d'approvisionnement. En décortiquant les délais de la sorte, il est plus facile d'en cibler l'origine. Ce qui permet d'orienter la communication et la collaboration sur les bons processus et aussi sur le bon niveau d'entreprises pour obtenir les résultats les plus significatifs.

Le temps moyen de passage chez le sous-traitant (TP_{ST}) correspond au temps entre la réception du bon de commande chez le sous-traitant et la réception de la commande chez le donneur d'ordres. Le temps moyen de passage chez le fournisseur (TP_{FOUR}) correspond au temps entre la réception du bon de commande chez le fournisseur et la réception de la commande chez le sous-traitant.

Le taux de retard indique la présence d'éléments perturbateurs qui provoquent des délais de livraison au-delà de la période convenue. Et ces éléments orientent le développement du SIIO pour les éliminer au maximum.

Le taux de retard (**TRET**) s'exprime par le rapport du nombre de lignes de commandes livrées en retard (**QLOT$_{RET}$**), soit après la date anticipée de réception, sur le nombre total de lignes de commandes livrées pour la période visée dans l'étude (**QLOT$_{TOT}$**).

$$TRET = QLOT_{RET} / QLOT_{TOT} \qquad (2)$$

Le taux de service vers le donneur d'ordres permet de déterminer la proportion des composantes provenant des sous-traitants arrivant à des dates différentes que celles convenues. Il permet aussi de s'interroger sur la possibilité qu'un faible taux de service crée des perturbations qui peuvent nuire à la réduction du temps de passage.

Le taux de service (**T$_S$**) se calcule en comptabilisant la valeur des commandes livrées au-delà ou avant la date anticipée de réception (**R**) sur la valeur totale des commandes (**V$_{RES}$**).

$$T_S = 1-(R/V_{RES}) \qquad (3)$$

2.3.3   La capacité

Les différentes mesures liées à la capacité de production des entreprises de la chaîne d'approvisionnement permettent de cibler si l'origine des délais de fabrication est due à un manque de capacité des entreprises ou à la nécessité de redéfinir la gestion des ressources de fabrication.

Le taux de disponibilité (**T$_D$**) indique si une entreprise souffre d'un manque de capacité pour produire en respectant les délais. Le taux de disponibilité se définit par le rapport du chiffre d'affaires actuel (**V**) sur le chiffre d'affaires maximum théorique (**V$_{TH}$**) réalisable aujourd'hui, sans investissement additionnel de machinerie.

$$T_D = 1 - (V / V_{TH}) \qquad (4)$$

L'agilité de la chaîne d'approvisionnement démontre si la chaîne d'approvisionnement traite un nombre élevé de lots différents pour faire ressortir la présence d'une flexibilité de fabrication. Par conséquent, il devient plus facile de définir si les faiblesses du temps de passage sont principalement attribuables à la fabrication, aux délais de livraison ou aux deux

L'agilité de la chaîne d'approvisionnement (AG_R) se définit comme la capacité de la chaîne d'approvisionnement à produire simultanément un éventail de produits différents sans engendrer de retards dans les livraisons. Il se calcule par le nombre de nombre de lots différents traités (N_C) par une entreprise sur le nombre de lots livrés en retard (N_{BO}) pour une période donnée.

$$AG_R = N_C / N_{BO} \qquad (5)$$

2.3.4   La planification

Lors de la planification de la production, la fabrication de petits lots permet de réduire le temps de passage des produits. Il est connu que des activités d'amélioration continue, telles que les changements rapides d'outils (SMED) ou la diminution des distances entre les postes de charge, peuvent augmenter la productivité d'une entreprise. Toutefois, ces améliorations internes n'entraînent aucune amélioration du temps de passage de la chaîne d'approvisionnement si l'entreprise ne peut suivre ce rythme lors des livraisons en aval de la chaîne. Des méthodes de gestions d'un donneur d'ordres, comme l'approvisionnement selon le lot économique ou en exigeant la livraison de lots complets, peuvent provoquer un gaspillage des améliorations en temps de son sous-traitant en provoquant une attente avant la livraison du produit pour atteindre la quantité exigée.

Selon cette logique, plus le nombre de lots commandés et livrés est élevé, plus petits sont ces lots pour une demande stable. Donc, si le nombre de lots fabriqués et livrés par les sous-traitants vers le donneur d'ordres augmente, plus grande est la possibilité d'observer une réduction du temps de passage réseau. Seulement, ce gain en temps ne doit pas être consumé par des consolidations de lots lors de la fabrication ou de la livraison.

La quantité de lots différents (Q_{LOTS}) se calcule par le nombre de lots différents qui sont commandés par le donneur d'ordres à ses sous-traitants sur une base hebdomadaire.

2.4   L'évaluation du flux d'information

Ce mémoire repose sur le postulat que la présence d'un SIIO au sein d'une chaîne d'approvisionnement engendre une amélioration de la qualité du flux d'information dans une chaîne d'approvisionnement. Ce qui demande de valider si le SIIO engendre une réelle amélioration de la circulation de l'information. Certains critères déterminés par l'auteur permettent d'évaluer le flux d'information.

Premièrement, il faut mesurer si le SIIO améliore l'accessibilité à l'information entre les entreprises. Ce qui demande de déterminer le nombre d'entreprises de la chaîne d'approvisionnement qui utilisent le SIIO et leur rôle dans la chaîne d'approvisionnement. De plus, un recensement du nombre d'utilisateurs, ou du nombre de licences installées à l'intérieur de chaque entreprise permet de déterminer si la communication est généralisée à l'intérieur des entreprises et si les différents corps de métiers y ont accès.

Ensuite, l'amélioration du flux d'information se constate par la diversité du contenu de l'information diffusée avec le SIIO. La variété de l'information provient des demandes formulées par les utilisateurs concernant de nouvelles données à partager et de nouvelles interactions à supporter. Aussi, les besoins des utilisateurs démontrent si le désir de communication se développe au sein de la chaîne d'approvisionnement.

Finalement, le flux d'information se détermine aussi par la quantité de données utilisées par le SIIO en relevant le nombre de fichiers de commandes créés la quantité d'interactions enregistrées par le serveur, tel que les changements de dates et les priorités.

2.5   L'évaluation des TI utilisées

Les TI englobent les composantes qui sont progressivement combinées pour former le SIIO qui est utilisé par les acteurs de la chaîne d'approvisionnement. Ces TI sont évaluées à l'aide du *Technology Acceptance Model* (Davis, 1989) dans le but de déterminer si le SIIO est favorablement perçu et accepté par les utilisateurs de manière à assurer son intégration et ainsi faciliter la communication interentreprises. Essentiellement, ce modèle permet d'évaluer le SIIO selon deux facteurs critiques qui sont sa facilité d'utilisation et son utilité.

Outre l'évaluation des TI utilisées par rapport à leur facilité d'utilisation, il faut aussi déterminer si le SIIO évolue dans un environnement favorable pour améliorer la performance de la chaîne d'approvisionnement. Une des manières retenues consiste à interroger les entreprises sur les stratégies d'affaires et manufacturières qui les représentent afin de déterminer s'il existe un alignement positif entre ces stratégies qui permettrait au SIIO d'améliorer la performance de la chaîne d'approvisionnement. Cette analyse de l'alignement des stratégies se base sur l'étude de Raymond et Croteau (2009) qui traite de l'effet de l'alignement des stratégies d'affaires et manufacturières sur la performance des entreprises auprès de 150 moyennes entreprises (ME) canadiennes. Raymond et Croteau se basent sur la typologie de Miles et Snow (1978) pour identifier trois stratégies d'affaires que les entreprises peuvent adopter:

1. Prospecteur : L'entreprise s'investit continuellement dans un processus d'innovation et elle lance régulièrement de nouveaux produits sur le marché.

2. Analyste : L'entreprise dépend essentiellement de ses produits existants, mais elle introduit prudemment des produits qui démontrent déjà un succès sur des marchés.

3. Défenseur : L'objectif principal de l'entreprise est de protéger ses parts de marché actuelles avec ses produits existants principalement en réduisant les coûts et en améliorant la qualité.

48

Pour chacune de ces stratégies d'affaires, il existe un profil de stratégie manufacturière idéal afin d'atteindre une performance optimale de l'entreprise, c'est profils sont : innovation, flexibilité et intégration. Une stratégie manufacturière se dessine selon les différentes assimilations de trois types de SFP. Le SIIO développé dans le cadre de ce mémoire peut être considéré comme un SFP et l'assimilation de ce système, par rapport aux autres SFP utilisés par une entreprise, peut être déterminante pour la performance de cette même entreprise. Les différents niveaux d'assimilations des SFP selon les stratégies manufacturières sont présentés au Tableau 2.2 qui est tiré de Raymond et Croteau (2009).

Tableau 2.2 Niveau d'assimilation idéal des SFP selon les stratégies
manufacturières et d'affaires

Stratégies d'affaires	Prospecteur	Analyste	Défenseur
Stratégies manufacturières	Innovation	Flexibilité	Intégration
Technologies de design de produits	Élevée	Moyenne	Faible
Technologies de processus	Moyenne	Élevée	Faible
Applications de logistique/planification	Faible	Moyenne	Élevée

Profil recherché

Ce mémoire de maîtrise se concentre sur l'intégration de la chaîne d'approvisionnement pour améliorer la qualité du flux d'information et de production. Le SIIO vient supporter cette intégration. Dans ces conditions, la stratégie d'affaires visée est celle du « défenseur » (intégration), et l'assimilation des SFP doit se conformer le plus possible à la stratégie manufacturière d'intégration pour améliorer au maximum la performance des entreprises.

Dans le cas d'un alignement des stratégies de « défenseur-intégration », la performance de l'entreprise se bonifie à mesure que l'assimilation des applications de logistique et de planification se développe. Le Tableau 2.3

énumère certaines technologies qui composent les regroupements des SFP constituant les différentes stratégies manufacturières.

Tableau 2.3 Les technologies qui constituent les 3 regroupements de SFP (Raymond et Croteau, 2009)

SAF - classification de Kotha et Swamidass(2000)	Technologies utilisées
Technologies de développement de produits	• Dessin assisté par ordinateur (DAO) • Conception assistée par ordinateur (CAO) • Fabrication assistée par ordinateur (FAO) • Conception et fabrication assistée par ordinateur (CAO/FAO)
Technologies de processus	• Automates programmables industriels (PLC) • Commandes numériques par calculateur (CNC) • Opérations robotisées • Cellules de fabrication flexibles • Manutention automatisée (VGA)
Applications logistiques/planification	• Ordonnancement de production assisté par ordinateur (Chiffrier, BDD, Excel, Access) • Codes à barres • Échange de données informatisées (EDI) • Application de planification des besoins matières (MRP) • Application de planification des ressources de production (MRP-II) • Progiciel de gestion intégrée (ERP)

En conséquence, il faut évaluer si les entreprises qui utilisent le SIIO adoptent une stratégie d'affaires similaire au « défenseur ». Si c'est le cas, il faut analyser la déviation de leur stratégie manufacturière par rapport au profil d'intégration. Ces observations indiquent si le SIIO évolue dans un environnement favorable pour atteindre un niveau de performance supérieur en réduisant leur temps de passage réseau. Sachant que le SIIO se rattache aux applications de logistique/planification du Tableau 2.3, l'assimilation du SIIO doit être évaluée pour déterminer sa contribution à l'amélioration de la performance de la chaîne d'approvisionnement. En résumé, il faut déterminer si les entreprises impliquées dans le projet de recherche adoptent une stratégie d'affaires de « défenseur » et si elles assimilent leurs SFP selon la stratégie manufacturière d'intégration. Il en résulterait un alignement des stratégies manufacturières et d'affaires qui aurait une influence positive sur la performance de ces mêmes entreprises en ce qui a trait au temps de passage réseau.

2.6   Résumé de la problématique spécifique de la recherche

En somme, ce mémoire se penche sur la communication entre entreprises et son influence sur la réduction du temps de passage des chaînes d'approvisionnements. Précisément une chaîne d'approvisionnement d'entreprises québécoises du secteur du meuble est directement impliquée dans cette étude. D'ailleurs, ces entreprises participent au développement et à l'implantation d'un SIIO voulant améliorer la qualité du flux d'information. Par la suite, des indicateurs de performance vont permettre de mesurer l'impact du SIIO concernant les stocks, les délais, la capacité de production et la planification des entreprises. Dans le but de fournir une analyse plus complète, le flux d'information et les TI utilisées pour développer le SIIO sont aussi évalués puis comparés aux résultats des indicateurs de performance. Les détails de la méthodologie sont présentés au prochain chapitre.

CHAPITRE 3 : MÉTHODOLOGIE DE LA RECHERCHE

Dans l'introduction, il est mentionné que les entreprises du meuble au Québec ont décidé de se rapprocher de leurs partenaires et de leur chaîne d'approvisionnement pour faire face à la concurrence asiatique. En conséquence, les entreprises ont dû faire appel à des organisations externes pour les soutenir dans cette tâche. Ce contexte a permis la formation de plusieurs organismes et associations pour appuyer les entreprises du Québec. Ce qui inclut la CIRM de l'Université du Québec à Trois-Rivières (UQTR).

La CIRM dirige un important mouvement d'amélioration continue au sein des entreprises du domaine du meuble au Québec. Elle a mis sur pied le projet de réduction de temps de passage réseau (RTPR) qui a pour objectif de réduire le délai entre le moment où un client commande un meuble et le moment de sa réception par ce même client. Ce projet veut amener les entreprises à atteindre de nouveaux niveaux de productivité avec l'adoption d'une vision réseau par les différentes entreprises responsables de la fabrication d'un produit. Mais aussi, il veut les outiller de manière à regagner l'avantage compétitif qui leur a échappé.

3.1   Le projet RTPR

Le projet RTPR, de la CIRM, exploite les connaissances et techniques du génie industriel pour soutenir les entreprises québécoises du meuble dans l'amélioration de la performance de leur chaîne d'approvisionnement. Ce projet s'échelonne sur une période de plus de quatre ans. Jusqu'à présent, le projet RTPR s'est concentré sur l'état actuel d'une chaîne d'approvisionnement de fabricants de meubles en bois massif au Québec. Le rapport *Implantation d'une stratégie manufacturière de réduction des temps de passage à l'intérieur d'un réseau d'entreprises* (Bergeron et al., 2008), rédigé par la CIRM, détaille les deux premières phases du projet telles que présentées au Ministère du Développement économique, de l'innovation et de l'exportation (MDEIE) du Québec. La phase I fait le diagnostic complet de la chaîne d'approvisionnement ciblée dans ce mémoire. Cette analyse examine les capacités organisationnelles et collaboratives, le taux de rendement global (TRG), et les capacités technologiques de chacune des entreprises. Cette étude dresse le portrait de la chaîne d'approvisionnement et recense les acteurs, les processus et l'information qui agissent sur le temps de passage des produits. La conclusion de cette phase présente les résultats d'indicateurs de performance inspirés du modèle SCOR (Supply Chain Council, 2006), présentés au Tableau 2.1, et l'analyse qui en découle relatant les problématiques auxquelles doivent se confronter les entreprises pour améliorer la performance de leur chaîne d'approvisionnement.

La phase II du même rapport se base sur les pratiques exemplaires en chaîne d'approvisionnement pour suggérer les meilleures solutions possibles aux faiblesses de la chaîne d'approvisionnement énoncées dans la phase I. Le rapport de Bergeron et al.(2008) propose quatre axes d'action :

- La gestion des approvisionnements chez le donneur d'ordres;
- la mise en place d'un outil web de communication entre les entreprises du réseau;
- l'augmentation du ratio de tension de flux chez les fournisseurs et sous-traitants;
- la standardisation des méthodes à travers les nouveaux processus d'achat et de gestion des stocks mis en place.

Aujourd'hui, le projet de RTPR en est à la mise à l'étude de la faisabilité de l'implantation de ces suggestions. Ce mémoire de maîtrise s'inscrit dans le cadre des activités de la CIRM. Il donne suite à la phase II du projet RTPR en se basant sur les conclusions du rapport cité précédemment et vient s'interroger sur la mise en application de l'un des axes d'action.

Ce mémoire se concentre sur le deuxième axe d'action proposé dans le rapport de Bergeron et al. (2008) qui cible l'implantation d'un outil de communication web. Cet élément est directement repris dans la méthodologie du présent mémoire. Il s'agit du développement d'un outil de communication entre un donneur d'ordres, ses sous-traitants et ses fournisseurs connectés par Internet. Par la suite, cet outil de communication est analysé pour déterminer son impact et son efficacité sur la productivité d'une chaîne d'approvisionnement d'entreprises de l'industrie québécoise du meuble.

3.2   Recherche-action

La méthodologie préconisée pour ce mémoire est la recherche-action. Cette dernière propose une méthode de recherche qui permet de réaliser des expériences dans un milieu existant à l'intérieur duquel l'observateur joue un rôle actif pour provoquer un changement. Cette technique se base sur l'idée que dans une expérimentation, la recherche et l'action peuvent être combinées dans une même activité. Cependant, le chercheur se retrouve dans une situation de dépendance face au milieu d'observation dans lequel il joue un rôle d'agent de changement. Il peut influencer des réactions, mais il n'a pas un contrôle total sur les faits et gestes de tous les intervenants et du système dans lequel ils évoluent. Par conséquent, l'implication des entreprises dans une recherche-action entraîne de nombreuses variables incontrôlables par le chercheur qui peuvent remettre en question un protocole à tout moment.

En général, deux objectifs tentent d'évoluer en parallèle. C'est-à-dire celui du milieu d'observation, le milieu industriel dans ce cas-ci, et celui du chercheur. D'un côté, le milieu industriel se concentre sur ses intérêts, généralement ce sont les aspects économiques et la rentabilité du projet qui priment. De l'autre, le chercheur se valorise par l'enrichissement des connaissances reliées à son domaine de recherche (Liu, 1997). Le succès de ce type de recherche réside dans la capacité de chaque partie à faire évoluer ces objectifs distincts en parallèle tout en tirant une satisfaction de sa finalité.

3.3   Environnement de recherche: la chaîne d'approvisionnement à l'étude

Les firmes incluses dans cette étude se situent toutes au Québec avec un marché essentiellement nord-américain, 90 % aux États-Unis et 10 % au Canada. Cette chaîne d'approvisionnement est constituée d'une grande entreprise, comme donneur d'ordres, et englobe près d'une dizaine de sous-traitants, qui sont tous

54

des PME. Également, les fournisseurs principaux de la matière première des sous-traitants peuvent être inclus dans ce projet. La raison étant que le donneur d'ordres est propriétaire des principaux fournisseurs de matières premières de ses sous-traitants. Toutefois, il s'agit de PME gérées par une direction distincte. Par conséquent, l'étendue du projet peut atteindre trois niveaux dans la chaîne d'approvisionnement partant des fournisseurs de matières premières pour les fabricants de composantes jusqu'à l'entreprise d'assemblage et de finition des meubles. Toutefois, l'approvisionnement en bois brut et les détaillants de la chaîne d'approvisionnement sont exclus puisque toutes les entreprises en amont et en aval de cette section de la chaîne d'approvisionnement ne sont pas affiliées avec la CIRM. La Figure 3.1 présente la structure de la chaîne d'approvisionnement à l'étude.

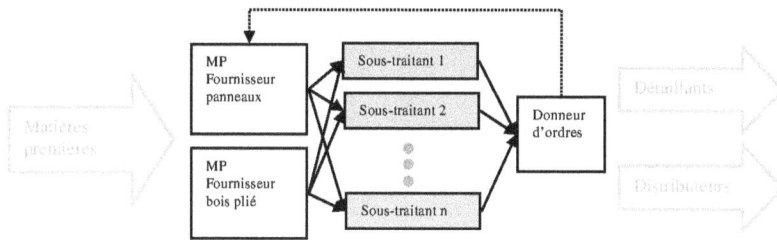

Figure 3.1 Structure de la chaîne d'approvisionnement à l'étude

L'auteur s'interroge sur la pertinence d'un système de communication pour réduire efficacement le temps de passage sur cette section de la chaîne d'approvisionnement. Et conséquemment, en faire profiter les autres entreprises de la chaîne d'approvisionnement.

3.4   Contraintes du développement du SIIO

Avant d'implanter tout nouveau système, il faut préalablement connaître les caractéristiques intrinsèques de la chaîne d'approvisionnement qui vont influencer l'issue du projet. La phase II du rapport de Bergeron et al. (2008) cite les principales, car elle avertit de la complexité qui touche le choix, la diffusion et le partage de l'information. Rappelons que les détails de ce rapport se retrouvent à la section 3.1. En effet, bien que les entreprises aient des besoins et des attentes variés dès le départ, elles doivent en plus évoluer dans un milieu où certaines d'entre elles sont en concurrence. Ce qui contraint le développement d'une communication et d'une confiance. De plus, la structure des processus actuels est bien ancrée. Donc, une standardisation des méthodes d'approvisionnement avec l'utilisation du SIIO peut se heurter à une certaine réticence et à une période d'adaptation de la part des entreprises. À cela s'ajoute, la variabilité des capacités organisationnelles et technologiques des acteurs de la chaîne d'approvisionnement qui vient complexifier le développement du SIIO vers la standardisation des processus et de l'information diffusée.

De manière générale, le SIIO développé doit se conformer à certaines contraintes provenant du milieu de recherche. Le secteur du meuble a des particularités notamment en ce qui a trait aux différences des entreprises, car celles-ci utilisent des systèmes de gestions distincts, elles possèdent des compétences et des technologies variées, et leurs tailles diffèrent. Ces caractéristiques ne permettent pas d'implanter un système de gestion unique à l'intérieur de chacune de ces entreprises et d'automatiser les échanges d'information de manière viable entre elles.

En effet, la majorité des entreprises de la chaîne d'approvisionnement, des PME, ne sont pas prêtes sur le plan organisationnel et financier pour ce type de changement. Il faut un système qui leur permet de communiquer de l'information sans en automatiser le transfert entre les divers systèmes de gestion. Il faut laisser les entreprises retirer l'information selon leurs besoins et leurs capacités à l'assimiler. Elles doivent d'abord s'adapter à la présence d'une information nouvelle pour mieux la traiter et automatiser certains processus par la suite si nécessaire.

La participation et l'implication dans ce projet, de la part de chaque entreprise de la chaîne d'approvisionnement, sont sur une base volontaire. Les ressources investies dans le développement du SIIO et sa maintenance sont assurées par le donneur d'ordres puisqu'il est le seul à posséder les moyens de le faire. Les sous-traitants sont consultés comme utilisateur du système dans le but de développer la convivialité et l'efficacité du SIIO. Cependant, ceux-ci contribuent aussi en se procurant une licence d'utilisation du système à leurs frais. Cette procédure assure une répartition proportionnelle des investissements par rapport aux ressources que possède chacune des entreprises de la chaîne d'approvisionnement.

3.5 Démarche de recherche

Dans le cadre d'une recherche-action, il est parfois difficile de respecter un protocole strict. L'approche choisie par l'auteur constitue plutôt une démarche générale afin de conserver une flexibilité pour s'adapter à la liberté d'action du milieu tout au long de la recherche. Cependant, cette démarche s'inspire de la méthode de prototypage utilisée pour le développement des systèmes d'informations. Cette méthode consiste à mettre en application une version fonctionnelle temporaire d'un SI qui est ensuite améliorée de façon itérative selon les remarques des utilisateurs jusqu'à ce qu'il soit conforme à leurs exigences. Cette méthode d'essais-erreurs est peu coûteuse et particulièrement efficace lorsque les exigences sont floues (Laudon et al., 2006). La démarche de l'auteur est présentée par la Figure 3.2 qui détaille chacune des étapes de la séquence de cette méthodologie.

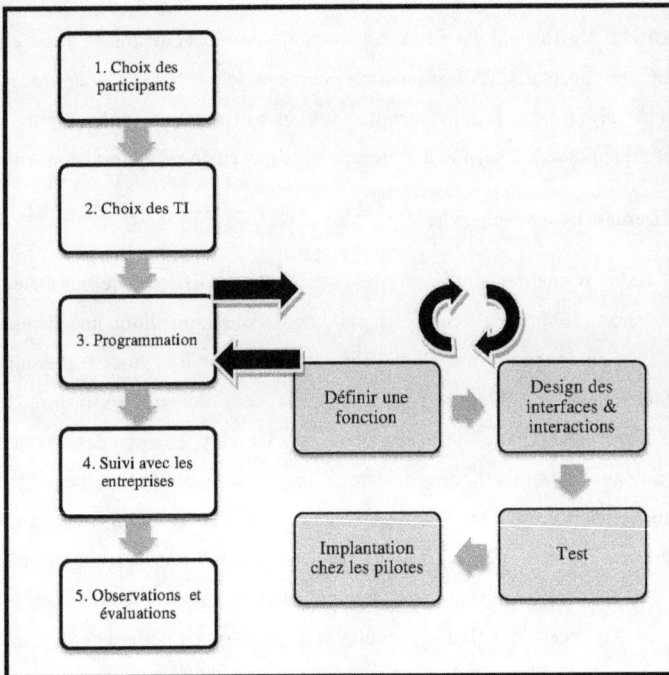

Figure 3.2 Démarche générale de recherche

Chacune des étapes numérotées est décrite dans les sous-sections qui suivent.

3.5.1 Le choix des participants

La première étape du projet consiste à choisir des participants pilotes. Ceux-ci forment un nombre restreint d'utilisateurs de départ pour participer au développement initial du SIIO. Il s'agit d'utilisateurs avec une attitude active envers le projet pour encourager son développement et compenser les inefficacités des périodes de tests. Aussi, le développement du SIIO ne peut se faire avec tous les acteurs de la chaîne d'approvisionnement à la fois, puisque les ressources sont limitées.

La liste des entreprises impliquées dans le développement du SIIO ne s'arrête pas là puisque sa portée doit s'étendre auprès d'un maximum d'entre elles pour encourager la communication globale dans la chaîne d'approvisionnement.

58

D'autres sous-traitants sont aussi choisis pour implanter le SIIO lors de l'étape 4 de Suivi. La sélection des entreprises se fait selon différents critères : le volontarisme, les composantes fabriquées, les compétences techniques, la qualité des relations d'affaires et le pourcentage du volume de production dédié au donneur d'ordres.

3.5.2   Choix des TI pour créer le SIIO

En second lieu, il faut évaluer et choisir le ou les logiciels qui vont servir à ce SIIO. Par la suite, il faut évaluer les besoins en ressources informatiques pour programmer le SIIO permettant aux sous-traitants d'interroger la base de données du donneur d'ordres. Sans oublier, l'évaluation de l'infrastructure présente pour supporter la communication par réseau informatique entre divers utilisateurs.

3.5.3   La programmation des applications SIIO

La troisième étape consiste à développer les applications du SIIO par un agencement de fonctionnalités orientées sur l'efficacité de la communication et de la collaboration entre les entreprises. Pour chaque nouvelle fonctionnalité, une boucle de quatre étapes est répétée, et cette boucle est identifiée à la Figure 3.2 par les cases grisées adjacentes à celle de l'étape 3 Programmation.

Définir une fonction
Le premier volet consiste à choisir une fonction pour les applications du SIIO en déterminant l'information à échanger, en la classant selon un processus d'affaires et en établissant les interactions bilatérales qui sont supportées.

Design des interfaces et interactions
Ensuite, il faut aborder la programmation de l'interface des utilisateurs en décortiquant les aspects techniques de programmation, en déterminant l'accès à l'information et en développant le format de l'interface graphique.

Test

La prochaine étape consiste à tester la programmation et l'infrastructure qui la supporte avec les sous-traitants pilotes. Il s'agit d'une implantation avec un suivi continu auprès des nouveaux utilisateurs. De cette façon, il est possible de relever les impressions des utilisateurs dès les premiers instants pour ajuster la programmation et assurer une transition entre les processus d'origine et le nouveau processus supporté par le SIIO.

Implantation

Finalement, l'implantation consiste à remplacer le processus d'origine avec le SIIO avec les sous-traitants pilotes. C'est aussi à cette étape que le processus d'origine et le SIIO sont comparés pour évaluer les gains pour les entreprises et la chaîne d'approvisionnement, pour définir des indicateurs de performance, et établir des règles d'utilisation pour préserver l'efficacité du SIIO.

3.5.4   Le suivi du développement du SIIO

À cette étape, la ou les fonctions développées sont aptes à être déployées à l'ensemble de la chaîne d'approvisionnement. C'est à cet instant que le travail fait avec les sous-traitants pilotes se propage aux autres acteurs de la chaîne d'approvisionnement. À ce moment, un soutien technique et des formations sont offerts à tous les utilisateurs supplémentaires qui se connectent au SIIO. Cette étape permet de solidifier la standardisation des méthodes de travail et des processus. C'est aussi un moment critique pour vérifier l'adaptabilité du système avec la diversité des entreprises pour faire des ajustements de programmation et de procédure.

3.5.5   Observations et mesures de performance du SIIO

À la dernière étape de la méthodologie, différents facteurs pouvant influencer l'impact du SIIO sont observés et mesurés, voir la Figure 2.1. Les résultats reliés à ces facteurs permettent de porter une analyse globale de l'impact du SIIO sur la chaîne d'approvisionnement et permettent aussi d'expliquer ces résultats.

La mesure des indices de performance inspirés du modèle SCOR (Supply Chain Council, 2006)

La première évaluation porte directement sur la variable principale de la question de recherche, soit la réduction du temps de passage réseau. Le temps de passage réseau peut se mesurer directement, mais pour ce mémoire cette méthode ne permet pas de décortiquer les délais et de cibler les actions pour le réduire.

L'amélioration du temps de passage se constate par la mesure des indicateurs de performance retrouvés dans le Tableau 2.1 de la section 2.4. Tous ces indicateurs ont été mesurés au début du projet et ces mêmes mesures sont reprises avec les données d'un trimestre ultérieur à l'implantation du SIIO. Ainsi, les situations d'avant et d'après peuvent être comparées. La prise de mesures consiste essentiellement à interroger les progiciels de gestion des entreprises de la chaîne d'approvisionnement pour obtenir des rapports sur les délais de livraison, la gestion des commandes, les stocks et la qualité.

Évaluation du flux d'information

La question de recherche définit le flux d'information comme une variable directement associée au SIIO. En effet, le rôle de ce SIIO est d'améliorer la qualité du flux d'information. Mais encore faut-il s'assurer que le SIIO entraîne effectivement une amélioration du flux d'information. Partant de ce fait, les changements engendrés par le SIIO sur la communication d'information au sein de la chaîne d'approvisionnement sont analysés pour confirmer s'il améliore efficacement le flux d'information et dans quelle mesure.

L'amélioration du flux d'information est évaluée par les trois critères présentés à la Figure 2.1 de la section 2.1, soit l'accessibilité à l'information, la diversité de l'information diffusée et la quantité de données échangées.

Accessibilité à l'information

L'accessibilité à l'information diffusée par le SIIO est mesurée selon deux niveaux : l'accessibilité externe, ou interentreprises, et l'accessibilité interne, ou à l'intérieur de chaque entreprise. La portée de l'information externe détermine les entreprises de la chaîne d'approvisionnement qui ont accès au SIIO et la portée interne indique dans quelle mesure le personnel de chaque entreprise peut accéder à l'information du SIIO. Le Tableau 3.1 résume les différentes données à recueillir pour évaluer l'accessibilité à l'information.

Tableau 3.1 Éléments à recenser pour évaluer l'accessibilité à l'information

Accessibilité externe	Accessibilité interne par entreprise
Entreprises qui fournissent la matière première, des composants de meubles et qui réalisent l'assemblage	Nombre de licences achetées
Entreprises volontaires pour le projet	Nombre d'utilisateurs par entreprise avec accès aux licences
Entreprises connectées au SIIO	Nombre d'employés qui ont besoin de l'information diffusée sans accès

L'accessibilité à l'information est d'abord observée au niveau de la chaîne d'approvisionnement. Ce qui permet d'évaluer l'étendue des liens de communication créés au sein de la chaîne d'approvisionnement. Cette évaluation compare la proportion d'entreprises volontaires pour se connecter au SIIO et la proportion d'entreprises qui l'utilisent actuellement, par rapport au nombre d'entreprises qui contribuent à la fabrication des produits et qui fournissent les composants qui se retrouvent dans la nomenclature des meubles.

L'information doit aussi être accessible aux individus qui la traitent à l'intérieur même des entreprises. L'évaluation de la portée interne du SIIO se détermine par le nombre de licences achetées par les entreprises, le nombre d'utilisateurs dans chacune d'elles, et le nombre total d'employés qui sont concernés par l'information provenant du SIIO. Le formulaire d'évaluation du flux d'information interne est présenté à l'Annexe I.

Diversité de l'information

Le deuxième critère du flux d'information de la Figure 2.1 concerne la diversité de l'information. Selon Lancioni et al. (2003a) et Rahman (2003), la présence d'Internet en chaîne d'approvisionnement stimule considérablement la communication des entreprises relativement à l'approvisionnement, au transport, au service à la clientèle, au traitement des commandes, aux relations avec les vendeurs, à la gestion des stocks et à l'ordonnancement de la production. Ce qui leur permet d'atteindre des niveaux de performance supérieurs. Un objectif de réduction du temps de passage en chaîne d'approvisionnement implique inévitablement ces processus d'affaires. C'est pourquoi il faut offrir aux personnes impliquées dans ces processus une meilleure communication puisque leurs prises de décisions ont une influence, directe ou indirecte, sur le temps de passage en réseau d'entreprises. Par conséquent, la diversité de l'information est essentielle pour supporter ces personnes qui ont des tâches différentes et des besoins en information distincts.

Dans cette optique, la diversité de l'information concernant le SIIO est déterminée par une étude comparative entre les demandes faites par les entreprises concernant l'information à diffuser avec le SIIO par rapport à deux études de référence. Les demandes des entreprises sont relevées à deux moments différents : lors de rencontres regroupant les entreprises au tout début du projet et lors de rencontres individuelles en milieu de projet. Le premier document de référence se retrouve dans le rapport de Bergeron et al. (2008) qui analyse la chaîne d'approvisionnement d'entreprises concerné par ce mémoire et émet des suggestions en matière d'information à diffuser à l'aide d'un SIIO web dans le cadre du projet RTPR de la CIRM (section 3.1). Ces recommandations, présentées au Tableau 3.2, ciblent l'élimination des principaux facteurs qui occasionnent des retards de livraison sur les dates promises et des difficultés à réduire les délais.

Tableau 3.2 Liste des informations à transmettre par un outil de communication web selon Bergeron et al. (2008)

Donneur d'ordres vers les sous-traitants (S-T)	Les sous-traitants vers les fournisseurs(F)
Bons de commande	Bons de commande
Commandes ouvertes	Commandes ouvertes
Évolution date de réapprovisionnement	Dessins / Spécifications techniques
Dessins / Spécifications techniques	Révision(s) de dessin
Révision(s) de dessin	Alerte sur changement de révision
Alerte sur changement de révision	Indicateurs de performance des F
Paramètres de gestion des commandes	Horaire de transport
Indicateurs de performance	Soumissions
Horaire de transport	Critères qualité
Soumissions	Fiche technique du fournisseur
Critères qualité	Paramètres des composantes
Fiche technique du sous-traitant	États de comptes
Paramètres des composantes	Contrats / Ententes avec les F
États de comptes	
Contrats / Ententes avec les S-T	

Le deuxième document de référence est une étude de Lancioni et al. (2003b) qui traite de l'évolution de l'usage d'Internet en chaîne d'approvisionnement auprès de 193 entreprises américaines. Cette étude détaille les applications Internet développées et utilisées par ces entreprises pour améliorer leur communication afin de fournir rapidement une information précise et compréhensible concernant les différents niveaux de la chaîne d'approvisionnement. Ce qui permet à ces entreprises de profiter d'une diminution des coûts, d'une plus grande agilité et d'une meilleure flexibilité. Le Tableau 3.3 résume les processus d'affaires et les applications Internet qui y sont rattachées.

Tableau 3.3 Applications Internet selon les processus d'affaires (Lancioni et al., 2003b)

Processus d'affaires	Applications	
Achats/approvisionnement	• Vérifier soumissions/prix • Négocier avec les vendeurs • Communiquer avec vendeurs • Achat catalogues	• EDI avec vendeurs • Problématiques de garantie • Avertissement
Transport	• Gestion de la demande • Déchargement -suivi	• Ramassage –suivi • Suivi des arrivés en temps
Service à la clientèle	• Vendre au consommateur • Recevoir les plaintes client • Offrir un soutien technique	• Gestion des services de sous-traitance • Informer des urgences clients
Traitement des commandes	• Commandes clients statut • Obtenir des cotations des vendeurs • Vérifier le crédit des vendeurs • Fournir des cotations aux clients • Clients en rupture de stock	• Vérifier le crédit des clients • Suivi des retours de marchandise des clients • Statut du traitement du crédit des clients • Vérifier la performance du cycle de commande
Relations avec les vendeurs (sous-traitants)	• Niveau des stocks de MP du vendeur • Achat par catalogue en ligne • Évaluation performance du transporteur • Recevoir les interrogations des vendeurs	• Évaluation globale des vendeurs • Répondre aux interrogations des vendeurs • Livraisons des vendeurs Processus de retour des produits
Gestion des stocks	• EDI avec vendeurs • Niveaux d'inventaire (entrepôts) • B/O entrepôts • Niveau d'inventaires produits finis •	• Délais sur les dates de livraison • Niveaux d'inventaires matière première • Communiquer les B/O • JÀT livraison
Ordonnancement de la production	• Coordonner à l' international • Coordonner le JÀT avec vendeurs • Coordonner US	• Coordonner avec les vendeurs • Coordonner avec les entrepôts

En utilisant ces résultats comme référence, le SIIO peut vérifier si les processus d'affaires qu'il supporte correspondent à ceux mentionnés par l'étude de Lancioni et al. (2003b), et ainsi améliorer l'agilité et la flexibilité au sein de la chaîne d'approvisionnement pour réduire le temps de passage du réseau.

Quantité de données échangées

Le troisième critère d'évaluation du flux d'information de la Figure 2.1 concerne le volume de données créé sur le serveur du SIIO, comme la quantité de fichiers de commandes et le nombre de requêtes traitées concernant les priorités et les changements de dates.

Évaluation des TI utilisées

Bien que la question de recherche ne mentionne pas les TI, celles-ci sont omniprésentes dans le projet de ce mémoire. Le SIIO développé se matérialise par une organisation spécifique de TI adaptée aux besoins de ce projet. Par conséquent, les TI utilisées doivent aussi être évaluées pour expliquer la performance de la chaîne d'approvisionnement parce qu'elles ont une incidence sur le flux d'information. Les TI sont évaluées par les deux critères présentés à la Figure 2.1, soit l'alignement du SIIO avec les stratégies d'affaires et manufacturières de chaque entreprise, et l'acceptation et la satisfaction des utilisateurs envers le SIIO.

Le premier critère concernant l'utilisation adéquate des TI est évalué par une analyse des stratégies entourant le SIIO avec chaque entreprise. Cette analyse se base sur les travaux de Raymond et Croteau (2009) qui ont démontré une relation entre la stratégie d'affaires et la stratégie manufacturière. Selon leur conclusion, l'alignement entre la stratégie d'affaires et la stratégie manufacturière influence positivement la performance des ME manufacturières canadiennes. Partant de ce fait, il faut vérifier si le SIIO évolue dans un environnement où cet alignement lui est favorable. Un environnement favorable signifie que le SIIO peut améliorer la productivité des entreprises et contribuer significativement à la réduction du temps de passage réseau.

Pour y parvenir, il faut d'abord déterminer si la stratégie d'affaires des entreprises qui utilisent le SIIO s'aligne avec leur stratégie manufacturière. Pour débuter, un membre de la direction de chacune des entreprises doit identifier la stratégie d'affaires qui représente le mieux son entreprise. Un formulaire comprenant trois définitions de stratégie d'affaires lui est présenté. Il doit les évaluer, selon une échelle de Likert allant de 1 à 5, pour identifier la stratégie prédominante. Le formulaire d'évaluation des stratégies d'affaires est présenté à l'Annexe II, les stratégies A, B, C sont respectivement les stratégies de « prospecteur », « défenseur » et « analyste » telles que mentionnées dans l'étude de Raymond et Croteau (2009). Selon la définition de chacune de ces stratégies, toutes les entreprises qui ont une attitude de « défenseur » augmentent le potentiel de réussite du projet de réduction du temps de passage. Alors que pour les autres, on peut s'attendre à ce que leur stratégie d'affaires n'exploite pas le SIIO de la manière souhaitée. Ce qui aurait comme conséquence de n'entraîner que peu, ou même aucune amélioration de la performance au niveau du temps de passage dans le pire des cas.

Une fois que la stratégie d'affaires est mise en évidence, le profil de la stratégie manufacturière de ces mêmes entreprises est déterminé pour en évaluer la déviation par rapport au profil idéal d'intégrateur. La stratégie manufacturière se définit selon les différences d'assimilation des trois types de SFP telles que présentées   au Tableau 2.2. Encore une fois, ce sont les membres de la direction qui évaluent le degré avec lequel leurs entreprises respectives maîtrisent les technologies et les applications utilisées dans leur organisation. Cette évaluation est faite selon une échelle Likert de 1 à 5. Le formulaire d'évaluation de la stratégie manufacturière et de l'assimilation des SFP est présenté à l'Annexe III. Les évaluations sont comparées avec les résultats obtenus auprès de 150 ME canadiennes dans l'étude de Raymond et Croteau (2009). Une forte déviation entre le profil de la stratégie manufacturière d'intégrateur et l'évaluation faite par un dirigeant suppose que l'utilisation des technologies ne s'oriente pas sur les besoins de la stratégie d'affaires du « défenseur » pour contribuer à sa productivité. Dans ce cas, le SIIO ne se développe dans pas dans un environnement adéquat pour contribuer à l'amélioration de la performance des entreprises et de la chaîne d'approvisionnement. Dans le cas contraire, où la déviation avec le profil idéal est minime, on peut conclure que le SIIO peut contribuer significativement à l'amélioration de la productivité puisqu'il existe une adéquation entre la stratégie d'affaires et la stratégie manufacturière.

Également, une entreprise adoptant les stratégies complémentaires de « défenseur » et « TI pour intégrateur » voit sa productivité s'accroître proportionnellement à l'assimilation des applications de logistique et de planification. Pour cette raison, l'assimilation du SIIO doit aussi être mesurée selon la même échelle que les SFP avec le formulaire de l'Annexe III. Étant donné que ce SIIO s'identifie à une application de logistique et de planification, on peut évaluer s'il contribue au non à l'amélioration de la performance et dans quelles proportions.

En second lieu, les utilisateurs évaluent leur acceptation et leur satisfaction du SIIO pour déterminer dans quelle mesure ils sont prêts à l'intégrer à leurs tâches et à l'exploiter. Cette évaluation se base sur le *Technology Acceptance Model (Davis, 1989)*. L'Annexe IV présente le formulaire d'acceptation des technologies qui est présenté aux utilisateurs. Ce formulaire évalue l'acceptation du SIIO selon deux facteurs critiques qui sont l'utilité du SIIO et sa facilité d'utilisation. Chacun de ces facteurs se sépare en six énoncés qui sont associés à une échelle d'évaluation. Cette échelle à sept niveaux demande d'évaluer chacun des énoncés allant de probable à improbable. Le formulaire est présenté à chaque personne qui utilise le SIIO.

3.6   Résumé de la méthodologie de la recherche

En résumé, ce mémoire fait partie du projet RTPR entrepris depuis quatre ans par la CIRM. Celle-ci travaille à l'amélioration de la performance du réseau d'entreprises québécoises du secteur du meuble et ce mémoire présente une recherche-action menée au sein d'une chaîne d'approvisionnement de ces entreprises. La CIRM dirige cette recherche-action auprès d'une chaîne d'approvisionnement composée de fournisseurs de panneaux de bois, de sous-traitants de composants et d'un donneur d'ordres fabricant de meubles. La CIRM dirige le développement d'un SIIO et assure le déroulement de son implantation auprès des entreprises collaboratrices pour évaluer l'influence du SIIO sur le temps de passage du réseau d'entreprises. Pour évaluer l'impact de l'amélioration du flux d'information, des mesures d'indicateurs de performances réseau sont prises et comparées avec les valeurs obtenues au début du projet RTPR de la

CIRM. En complémentarité de ces résultats, le flux d'information généré et les TI utilisées par le SIIO sont analysés afin de fournir des explications plus complètes. Le prochain chapitre présente les résultats recueillis et l'analyse qui ressortent de ces données.

CHAPITRE 4 : RÉSULTATS ET ANALYSE

Dans ce chapitre, chacune des étapes de la démarche générale entreprise par la CIRM, à la Figure 3.2, est passée en revue pour détailler les résultats qui s'y rattachent. Les étapes 1. Choix des participants, 2. Choix des TI, 3. Programmation et 4. Suivi avec les entreprises ont servi à modeler un environnement d'étude approprié à la question de recherche. Ces étapes résument le développement du SIIO, l'implantation et la cueillette de données qui ont permis de générer les intrants nécessaires à l'obtention de résultats et à l'analyse de ce mémoire. La dernière étape, 5. Observations et évaluations utilise les intrants des étapes précédentes pour répondre à la question de recherche.

4.1 Entreprises impliquées dans le projet de recherche

L'ensemble des entreprises pouvant utiliser le SIIO englobe essentiellement les fournisseurs ou sous-traitants des éléments qui constituent les meubles. Autrement dit, on fait référence à toutes les composantes susceptibles de se retrouver dans la nomenclature des meubles. À partir de ce groupe, uniquement les entreprises fournissant des composants de meubles en bois ont été approchées par la CIRM pour employer le SIIO. Ce qui exclut les fournisseurs de matériaux de dessus de table autre que le bois (tels que le Corian, Zodiaq, verre, granite), les fournisseurs de quincaillerie, les fournisseurs de peinture/teinture, les fournisseurs de produits de finition et les fournisseurs d'emballage.

Ces entreprises ont été exclues pour plusieurs raisons. Pour certaines, les coûts de gestion des stocks du donneur d'ordres ne sont pas suffisants pour investir dans le SIIO. Dans d'autres cas, le volume acheté par le donneur d'ordres n'est pas assez important, ou bien la relation d'affaires révèle une indifférence qui n'engendre pas un intérêt commun envers l'utilisation du SIIO. En éliminant de la sorte, l'ensemble des participants potentiels est réduit aux sept principaux sous-traitants de composants de bois, au donneur d'ordres, et au principal fournisseur des panneaux de bois des sous-traitants. Le Tableau 4.1 regroupe les entreprises approchées par la CIRM pour utiliser le SIIO.

Tableau 4.1 Entreprises approchées pour utiliser le SIIO

Entreprises	Fabrication
Panneaux	Panneaux de bois
Table α (pilote)	Dessus de table
Table β	Dessus de table
Meuble	Composantes de meuble de rangement
Chaise α	Dossiers de chaise
Chaise β	Dossiers de chaise
Tournage α (pilote)	Pattes de chaise, bases de table
Tournage β	Pattes de chaise, bases de table
Donneur d'ordres	Assemblage des meubles de cuisine

À partir des entreprises du Tableau 4.1, deux d'entre elles ont été sélectionnées comme entreprises pilotes pour participer aux étapes 2. Choix des TI et 3. Programmation pour participer au développement et tester les fonctions du SIIO avant de le déployer au reste des entreprises de la chaîne d'approvisionnement mentionnées dans le Tableau 4.1. Ces deux entreprises sont Table α et Tournage α. Ces entreprises ont été choisies principalement parce qu'elles ont été volontaires et parce qu'un volume considérable de leur production est dédié au donneur d'ordres. De plus, ces deux entreprises fabriquent des composants aux procédés de fabrication distincts, ce qui permet d'introduire l'aspect de la diversité des entreprises dans le processus de développement du SIIO. Globalement, la première entreprise fabrique des composants à haut volume avec une faible variété de produits. Alors que l'autre fabrique des composants à faible volume avec une plus grande variété de produits, et ces deux entreprises utilisent des procédés d'usinage différents.

4.2   Les TI choisies pour le SIIO

Le choix des TI s'est rapidement tourné vers les logiciels de collaboration Lotus d'IBM. Ce choix s'est fait dans le but de réduire les coûts d'acquisition de logiciel, les coûts de développement du SIIO et les coûts de maintenance du système puisque le donneur d'ordres possède plusieurs licences Lotus Notes et l'expertise de programmation exigée par ce logiciel. En effet, le donneur d'ordres détient déjà un serveur Lotus Domino qui lui permet de rendre disponibles les données de son progiciel de gestion intégrée sur Internet. Avec un serveur Lotus Domino, les autres entreprises peuvent s'y connecter, par Internet, avec des licences du client Lotus Notes. Globalement, le client Lotus Notes est un logiciel de travail collaboratif qui permet de gérer des projets, les courriels et les échanges d'information à partir d'une base de données. De plus, le coût d'acquisition des licences Lotus Notes est abordable pour les entreprises avoisinant les 350 $ par licence. En résumé, le SIIO se compose d'applications programmées et de données toutes accessibles par le serveur Lotus Domino du donneur d'ordres. Les entreprises peuvent ensuite accéder à ces applications et à ces données avec le programme client Lotus Notes lorsque l'administrateur du serveur leur en donne l'accès.

4.3   Les fonctions programmées pour le SIIO

Avec le temps alloué pour développer le SIIO par la CIRM, quatre fonctions ont été programmées en collaboration avec les deux sous-traitants pilotes et le donneur d'ordres avant d'entreprendre le déploiement auprès des autres entreprises impliquées dans le projet. Ces fonctions concernent :

- L'affichage des commandes du donneur d'ordres vers les sous-traitants;
- l'identification des priorités du donneur d'ordres;
- les demandes de changements de date de livraison chez le donneur d'ordres;
- les avertissements avant les ruptures de stock du donneur d'ordres.

Avec le SIIO, toutes les entreprises qui reçoivent des commandes du donneur d'ordres se connectent à son serveur pour les consulter. La liste des commandes est rafraîchie deux fois par jour entre le progiciel de gestion du donneur d'ordres et son serveur. Ce qui permet aux sous-traitants d'avoir un accès 24 h/24 à leurs commandes sous plusieurs formats électroniques pour les redistribuer à l'intérieur de leur système par la suite. De plus, le SIIO indique si une commande a été consultée en y ajoutant une icône. La Figure 4.1 montre l'interface de consultation des bons de commande. Certaines informations de l'interface ont été escamotées afin de préserver la confidentialité des entreprises. À partir de la liste de la Figure 4.1, chaque bon de commande peut être affiché individuellement avec tout le détail de la commande tel qu'il était envoyé auparavant.

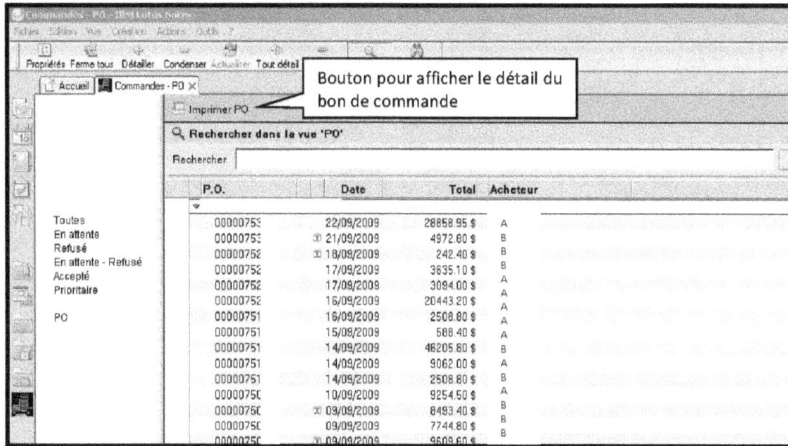

Figure 4.1 Affichage de la liste des bons de commande avec Lotus Notes

Toutes les autres fonctions développées sont utilisées à partir d'une vue standard qui explose chaque bon de commande en ligne de commandes. À partir de cette vue, il est possible de sélectionner indépendamment chacune des lignes de commandes pour y rattacher une action. Ce qui veut dire que chacune des lignes de commande peut se voir attribuer un événement tel qu'une icône prioritaire ou une icône de demande de changement de date de livraison. La Figure 4.2 est tirée du SIIO et montre cette vue.

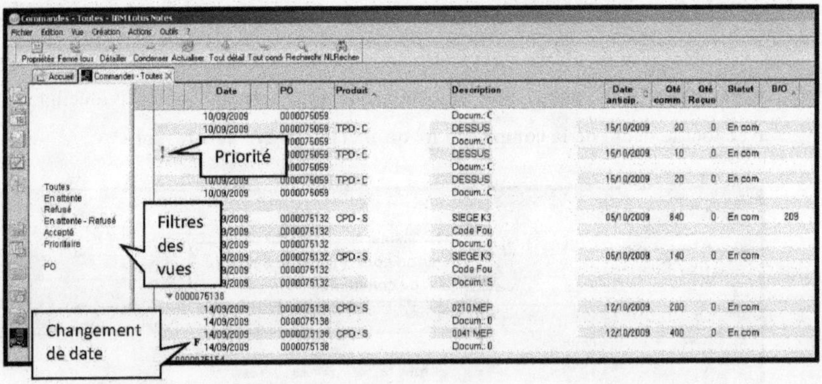

Figure 4.2 Vue explosée des bons de commande avec Lotus Notes

L'icône prioritaire (!) permet aux acheteurs du donneur d'ordres d'indiquer une priorité de livraison sur une ligne de commande précise pour éviter une rupture de stock en réponse à une variabilité imprévue de la demande.

L'icône de changement de date (**A** ou **F**) indique que le donneur d'ordres (**A**), ou le sous-traitant (**F**), désire modifier la date de livraison des produits d'une ligne de commande précise. À la gauche de la Figure 4.2, on peut distinguer des filtres pour cacher certaines lignes et faciliter le repérage de l'information (Toutes, En attente, Refusé, etc.). De plus, la dernière colonne de la Figure 4.2 qui se nomme B/O. indique aux sous-traitants la quantité du produit qui risque de tomber en pénurie si aucune livraison n'est reçue dans les prochains jours.

Cet affichage est à la base des interactions entre les utilisateurs de du SIIO, car cette vue est commune au donneur d'ordres et à ses sous-traitants.

Avec le SIIO, il devient possible d'optimiser les processus de transmission des commandes, des priorités et des demandes de changement de date de livraison. Tout cela à partir d'une source unique d'information, sans multiplier les médias (fax, courriels, téléphone) et sans être dépendant de la disponibilité des personnes concernées pour négocier les changements dans la planification.

16 mois de travail ont été investis dans le projet pour en arriver aux résultats présentés. Le développement du SIIO s'est réalisé en étroite collaboration avec la

CIRM, le donneur d'ordres et les sous-traitants pilotes. De plus, près de 140 heures de programmation ont dû être investies par le donneur d'ordres.

4.4 L'implantation auprès des autres sous-traitants que les entreprises pilotes

Après la validation des fonctions du SIIO développé avec l'aide des sous-traitants pilotes, Table α et Tournage α, l'installation de licences supplémentaires devait se poursuivre auprès des autres entreprises mentionnées précédemment au Tableau 4.1. Un délai de deux semaines était planifié entre chaque installation pour faciliter la gestion des nouveaux utilisateurs et l'assimilation du SIIO. Toutefois, le donneur d'ordres a été confronté à un problème de compatibilité dans le transfert de données entre son progiciel de gestion intégrée et le serveur Lotus Domino. Dans ces conditions qui dépassaient ses compétences, l'ajout de nouveaux utilisateurs a été ralenti.

4.5 Mesure et analyse des variables de la recherche

La Figure 2.1 présente les variables à mesurer afin de répondre à la question de recherche. À partir de cette figure, on remarque que les conclusions dépendent principalement des mesures prises concernant différents indicateurs de performance inspirés du modèle SCOR (Supply Chain Council, 2006). En plus de ces indices de performance, d'autres variables sont mesurées afin d'apporter une explication plus complète aux valeurs de ces indicateurs. Il s'agit d'une mesure du flux d'information engendré par le SIIO et d'une évaluation des TI utilisées pour développer le SIIO. Les résultats des indicateurs de performance qui permettent de déterminer l'impact du SIIO sur les performances de la chaîne d'approvisionnement sont présentés à la section suivante.

4.5.1 Mesure des indicateurs de performance avec le SIIO

À la section 2.4, on retrouve au Tableau 2.1 les indicateurs de performance basés sur le modèle SCOR (Supply Chain Council, 2006) qui sont utilisés pour évaluer la performance de la chaîne d'approvisionnement. Des mesures ont été prises au début du projet de réduction de temps de passage réseau par la CIRM, et ces mêmes mesures ont été reprises après l'implantation du SIIO pour déterminer l'amélioration du temps de passage réseau. Les résultats de début de projet sont tirés du dernier rapport de la CIRM concernant le volet II du projet RTPR (Bergeron, Valéra, Leduc et Brouillette, 2010). Avant de présenter ces mesures, il faut mentionner l'état d'avancement de l'implantation. Jusqu'à présent, et avec les délais disponibles, trois entreprises peuvent se connecter au SIIO et elles se familiarisent depuis environ trois mois. De plus, la présence de la CIRM est encore requise, car les entreprises n'ont pas encore développé l'autonomie nécessaire. Le Tableau 4.2 présente les résultats obtenus concernant les indicateurs de performance basés sur les stocks.

Tableau 4.2 Indicateurs de performance des stocks

Indicateurs de performance			Début de projet	Après implantation
Stocks	Taille moyenne des lots des sous-traitants (S-T)	Table α	295 unités	236 unités
		Tournage α	131 unités	163 unités
		Moyenne des S-T	221 unités	220 unités
	Taux de pénurie vers le donneur d'ordres	Table α	1,13 %	4,53 %
		Tournage α	8,12 %	9,48 %
		Moyenne des S-T	5,3%	7,7%

La taille moyenne des lots des sous-traitants représente la quantité d'un même item livrée par un sous-traitant vers le donneur d'ordres. En général, on constate que la taille des lots est restée stable si l'on regarde la moyenne pour tous les sous-traitants du donneur d'ordres. Ce qui veut dire que la diminution du temps de passage réseau n'est pas entraînée par une diminution de la taille des lots. De plus, on remarque un comportement opposé entre les deux entreprises pilotes. Alors que Table α a réduit la taille de ses lots de 20 %, Tournage α a augmenté de 24%. Ce qui indique que la présence du SIIO n'a pas généralisé une baisse de la taille des lots avec ses utilisateurs. Il occupe plutôt un rôle de support dans l'application d'une stratégie de réduction des lots qui ne peut être initiée que par les entreprises. Avec une implantation récente et peu répandue, on constate que les entreprises ne sont pas prêtes à prendre d'initiatives pour profiter du SIIO afin de se réorganiser et de réduire la taille des lots. Les entreprises conservent les mêmes processus.

Le taux de pénurie chez le donneur d'ordres est une mesure relative de la quantité de produits tombés en rupture de stock, pour une période donnée, sur la totalité des produits dont la date anticipée de livraison se retrouve à l'intérieur de cette période. Les résultats indiquent le taux de pénurie du donneur d'ordres pour les composants en provenance des sous-traitants. La moyenne globale des sous-traitants s'est empirée légèrement passant de 5,3 % à 7,7 %. Cette même détérioration s'est aussi constatée avec les sous-traitants pilotes dont l'un d'eux a même eu une augmentation du taux de pénurie supérieure à celle de la moyenne des sous-traitants. Tout comme avec la réduction des lots, le SIIO ne prend aucune initiative pour améliorer la performance des entreprises. Il ne réorganise ni l'ordonnancement de la production, ni l'horaire de livraison des entreprises. Ces actions doivent provenir des entreprises. Puisque l'implantation est encore récente, les entreprises apprennent encore à utiliser le SIIO et la gestion des processus est encore identique à ce qu'elle était avant l'apparition du SIIO. Ces résultats sur la gestion des stocks permettent de mieux comprendre le processus d'implantation. Il faut prévoir une étape supplémentaire après l'implantation concernant l'exploitation de l'information diffusée afin d'obtenir des gains de performance. En effet, les entreprises ont tendance à préserver leurs processus intacts et n'ont pas le réflexe de modifier leur façon de faire. Ce qui porte à croire que lors de l'implantation du SIIO, très peu de bénéfices sont obtenus sans rencontres entre les entreprises pour améliorer leurs processus, et aussi sans un délai suffisant suite à l'implantation pour compenser le temps d'apprentissage.

La réduction du temps de passage réseau a été évaluée à partir de mesures de performance orientées sur les délais. Le Tableau 4.3 présente les indicateurs de performance de délai. Le taux de retard chez le donneur d'ordres indique la proportion de commandes livrées à une date ultérieure à ce qui avait été convenu.

On remarque que ce taux a augmenté de 5 % selon la moyenne de tous les sous-traitants. En regard aux deux sous-traitants pilotes, la situation est une fois de plus contradictoire puisque Tournage α pratiquement réduit de moitié son taux de pénurie alors que Table α a plus que triplé le sien.

Tableau 4.3 Indicateurs de performance du délai

Indicateurs de performance			Début de projet	Après implantation
délai	Taux de retard chez le donneur d'ordres en provenance des sous-traitants (S-T)	Table α	9%	31%
		Tournage α	23%	12%
		Moyenne des S-T	20%	25%
	Temps moyen de passage chez le sous-traitant	Table α	35 jours	23,7 jours
		Tournage α	22,9 jours	23,9 jours
		Moyenne des S-T	22,2 jours	22,6 jours
	Temps de passage moyen chez le fournisseur de panneaux		13,8	14,6
	Taux de service vers le donneur d'ordres	Table α	86,5%	36,7%
		Tournage α	89,4%	29,2%
		Moyenne des S-T	87,7%	42,9%

Le temps moyen de passage chez le sous-traitant mesure la durée entre le moment où le donneur d'ordres passe une commande et le moment où il la réceptionne. Globalement, l'ensemble des sous-traitants ne s'est guère amélioré au fil du temps. Cette tendance se constate aussi chez le sous-traitant pilote Tournage α alors que Table α a nettement amélioré son efficacité de 32,2 %. Le temps de passage moyen du fournisseur de panneaux de bois n'a pas non plus diminué d'une manière significative pour ainsi contribuer à une réduction du temps de passage.

Le taux de service est un indice qui s'apparente au taux de retard. Il mesure la proportion des commandes qui arrivent à la date de livraison prévue, ce qui exclut les commandes en avance et celles qui sont en retard. La moyenne des sous-traitants s'est dégradée en diminuant de plus de la moitié le nombre de commandes livrées à la date souhaitée. Cette chute d'efficacité est encore plus importante chez les deux sous-traitants pilotes. Cette performance démontre que la fonction de changement des dates de livraison n'a pas été exploitée efficacement pour permettre une réduction du temps de passage au sein de la chaîne d'approvisionnement. La simple existence de cette fonction de changement de dates n'est pas suffisante pour constater une amélioration des performances, il faut parachever l'implantation avec une réingénierie processus d'affaires avant d'espérer une amélioration des performances.

Le Tableau 4.4 présente les indicateurs de performance liés à la capacité de production de la chaîne d'approvisionnement. Le taux de disponibilité évalue la capacité de production disponible en termes de chiffre d'affaires par rapport au chiffre d'affaires théorique maximum. Cette mesure permet d'évaluer si le temps de passage réseau n'est pas ralenti par un manque de capacité à l'intérieur de la chaîne d'approvisionnement. Malencontreusement, la chaîne d'approvisionnement a subi plusieurs changements et des entreprises ont dû la quitter. Ce qui a engendré un manque d'informations significatives pour réaliser cette estimation (Bergeron et al., 2010).

Tableau 4.4 Indicateurs de performance de capacité

	Indicateurs de performance		Début de projet	Après implantation
Capacité	Taux de disponibilité		34%	n.d.
	Agilité des entreprises du réseau	Table α	2,0	1,9
		Tournage α	2,2	2,3
		Moyenne des S-T	2,7	4,1

Par conséquent, la mesure l'évaluation de la capacité s'est limitée à la mesure de l'agilité des entreprises pour la chaîne d'approvisionnement à l'étude. L'agilité des entreprises se définit comme la capacité de traiter un nombre de lots différents tout en limitant le nombre de ces lots livrés en retard. L'agilité a été calculée à partir des lots destinés au donneur d'ordres seulement. Plus la valeur de l'indicateur est élevée, meilleure est le résultat. Lorsque l'on regarde la moyenne du réseau, on constate que le réseau de sous-traitants a nettement amélioré sa capacité à traiter des lots différents tout en réduisant le nombre de retards. Alors que d'un autre côté, l'agilité des deux sous-traitants pilotes n'a pas progressé. Chez les deux sous-traitants pilotes, on remarque une relation inversement proportionnelle de la taille des lots et du taux de retard. D'un côté, la diminution de la taille des lots de Table α est liée à une augmentation du taux de retard. Et d'un autre côté, l'augmentation de la taille des lots de Tournage α est liée à une diminution du taux de retard ce qui maintient l'agilité à une valeur relativement constante.

À première vue, le SIIO ne semble pas avoir eu d'impact sur l'agilité des entreprises. La présence du SIIO est encore trop récente pour modifier les processus d'affaires en place. Selon les processus d'affaires en place, les sous-traitants sont toujours limités à deux livraisons par semaine à des moments fixés par le donneur d'ordres, ce qui ne permet pas d'utiliser le SIIO avec une augmentation de la fréquence des livraisons. De plus, les paramètres des systèmes tels que le lot minimum de commandes et le délai de livraison ne sont pas modifiés chez le donneur d'ordres et chez les sous-traitants pour tenter de profiter des fonctions de changement de dates du SIIO afin de réduire les retards. Ce qui amène à la conclusion que l'implantation du SIIO doit être précédée d'une volonté des entreprises de modifier leur processus d'affaires sinon le SIIO reste sous-exploité et aucune amélioration n'est observée chez les utilisateurs. Il y a une nécessité d'entreprendre une démarche de réingénierie des processus. Dans ce cas-ci, ce sont les économies sur les temps de mise en course et les commandes selon le lot économique pour minimiser les coûts qui neutralisent la modification des processus d'affaires. Ces pratiques et leurs objectifs sont contestables puisqu'ils ne tiennent pas compte des économies récupérables par le juste-à-temps.

Le dernier indicateur de performance calculé concerne la planification du réseau. Le Tableau 4.5 contient les résultats des calculs concernant la quantité de lots différents commandés par le donneur d'ordres à ses sous-traitants sur une base hebdomadaire. Cet indicateur permet de vérifier si les entreprises sont arrivées à gérer une augmentation du nombre de lots. Une augmentation du nombre de lot couplée à une diminution de la taille des lots faciliterait une diminution du temps de passage.

Tableau 4.5 Indicateurs de performance de la planification

Indicateurs de performance		Début de projet	Après implantation
Planification	Quantité de lots différents commandés par semaine	Table α	24,0 lots	33,1 lots
		Tournage α	31,3 lots	29,0 lots
		Moyenne des S-T	204 lots/sem.	245 lots/sem.

En général, on constate que la moyenne des sous-traitants s'est améliorée. Néanmoins, l'un des deux sous-traitants pilotes n'a pas suivi cette tendance. Seulement Table α a amélioré le nombre de lots traités par semaine de 38 % alors que Tournage α a diminué de 7,3 %. Les résultats précédents ne permettent pas d'observer une meilleure planification généralisée de la production pour les deux sous-traitants pilotes, ils corroborent l'analyse concernant la taille des lots des sous-traitants. Voici un autre élément qui démontre que l'implantation de du SIIO n'a pas engendré, chez le donneur d'ordres, une modification des processus. Celui-ci n'a pas modifié les paramètres de gestion des stocks et de passation de commandes pour ses sous-traitants pilotes afin de provoquer une diminution de la taille des lots pour en augmenter le nombre de commandes et la fréquence de livraison. L'économie sur la quantité des lots est un facteur manifestement contraignant dans la réduction des délais.

En définitive, les résultats obtenus concernant les stocks, les délais, la capacité et la planification du réseau ne permettent pas de constater avec certitude l'influence du SIIO sur la performance de la chaîne d'approvisionnement. Dans aucun cas, nous n'avons pu observer une amélioration conjointe des sous-traitants pilotes.

Au terme de cette analyse des indices de performance, il apparait que la chaîne d'approvisionnement n'est pas encore en mesure de profiter du SIIO. Rappelons que l'implantation n'implique que trois entreprises et que celles-ci utilisent le SIIO depuis trois à quatre mois. Puisqu'il n'y a pas d'amélioration, une phase d'apprentissage est nécessaire après l'implantation afin de faire évoluer les utilisateurs pour qu'ils arrivent à tirer profit du SIIO. Dans le contexte présent, les entreprises impliquées n'ont pas acquis l'autonomie nécessaire pour prendre en main le SIIO. Avec le retrait de la CIRM au terme de cette recherche-action, le SIIO risque de se retrouver sans leadership et de devenir inutilisé. Après seulement quelques semaines d'utilisation, les entreprises sont trop dépendantes de la CIRM et adoptent une attitude passive sans se responsabiliser pour continuer le développement du SIIO. Il en découle que les entreprises continuent de gérer leurs activités sans exploiter l'information et les fonctions du SIIO dans le but de réduire le temps de passage réseau.

Le type de gouvernance de cette chaîne d'approvisionnement pourrait justifier ce manque d'implication. Cette analyse peut être faite à partir du modèle théorique de Gereffi et al.(2005) qui propose une classification selon cinq types de gouvernance dans une chaîne de valeur internationale. Ces types de gouvernance se répartissent selon le degré d'asymétrie du pouvoir qui existe entre les entreprises d'une chaîne de valeur allant du type de « marché » pour une faible asymétrie, au type « hiérarchique » pour une asymétrie forte. La gouvernance de la chaîne d'approvisionnement à l'étude est du type « captif ». Ce qui indique un degré d'asymétrie du pouvoir fort juste avant le type « hiérarchique » qui correspond à une intégration verticale. Les sous-traitants sont captifs du donneur d'ordres. Ils sont très dépendants, car le coût de changement de client (le donneur d'ordres) est très élevé puisqu'il mobilise la majorité de leur capacité de production. Dans ces conditions, le donneur d'ordres est en situation d'autorité sur ses sous-traitants. En ce qui concerne l'utilisation du SIIO, les sous-traitants adoptent une attitude soumise, car ils attendent que les directives proviennent directement de l'autorité décisionnelle, soit du donneur d'ordres. Aucun sous-traitant ne tente de s'approprier le SIIO sans l'accord explicite du donneur d'ordres. De son côté, le donneur d'ordres adopte une attitude passive sans donner de directive précise. Il est incertain quant à sa volonté de rétablir cette asymétrie du pouvoir avec le SIIO puisqu'il en tire avantage.

Ces résultats insatisfaisants apportent une meilleure compréhension du processus d'implantation. Premièrement, il y a une distinction à faire entre utilisation et exploitation d'un SIIO. Il s'agit de deux étapes subséquentes dont la deuxième concerne l'adaptation des processus d'affaires au SIIO pour améliorer la performance de la chaîne d'approvisionnement. Il faut une volonté tangible et des actions concrètes engagées par les entreprises elles-mêmes pour modifier les processus en place. Elles doivent se rencontrer et discuter des manières de s'approprier le SIIO.

Ce qui démontre clairement que le SIIO n'engendre pas une amélioration de la performance des entreprises, mais il supporte les actions initiées dans ce sens.

4.5.2   Mesure de l'amélioration du flux d'information

L'évaluation du flux d'information a été faite selon les critères, qui se retrouvent à la Figure 13, soit l'accessibilité à l'information, la diversité de l'information diffusée et la quantité de données échangées. Cette évaluation permet de vérifier si le SIIO provoque une amélioration du flux d'information et son ampleur.

Accessibilité à l'information interentreprises et intraentreprise

L'analyse de l'accessibilité externe, ou interentreprises dénombre les liens établis entre les différentes entreprises de la chaîne d'approvisionnement à l'étude avec le SIIO. Le Tableau 4.6 résume cette analyse.

Tableau 4.6 Accessibilité à l'information interentreprises avec le SIIO

Nombre d'entreprises impliquées dans la fabrication des composants	27
Inclus toutes les entreprises qui fournissent des composants que l'on retrouve dans la nomenclature des meubles de bois du donneur d'ordres, le donneur d'ordres et les fournisseurs de panneaux de bois.	
Entreprises déterminantes	8
Entreprises approchées par la CIRM et volontaires pour participer au développement du SIIO.	
Entreprises connectées au SIIO (Lotus Notes)	3
Entreprises connectées au SIIO jusqu'à maintenant.	

À partir du Tableau 4.6, on constate que sur les 27 entreprises qui constituent des maillons essentiels de la chaîne d'approvisionnement du donneur d'ordres, huit ont été approchées par la CIRM et se sont montrées volontaires pour utiliser le SIIO, soit tout près de 30 %. Rappelons que les entreprises écartées pour l'utilisation du SIIO fournissent au donneur d'ordres des produits tels que la quincaillerie, des produits de coloration et de finition, des cartons d'emballage, et divers matériaux pour faire des dessus de table (granite, verre, synthétique) autre que le bois. Pour certaines, cette exclusion s'explique par un coût de maintien en inventaire faible pour le donneur d'ordres, ce qui implique une gestion simple et peu coûteuse qui ne justifierait pas les investissements dans le SIIO. Pour d'autres, la relation d'affaires n'est pas propice à implanter un SIIO et à développer un partenariat qui viendrait perturber les processus d'affaires déjà en place. D'un autre côté, les huit entreprises restantes ont toutes un point commun, il s'agit de sous-traitants de composants en bois destinés à être assemblés en produits finis par le donneur d'ordres et chacun d'eux dédie une proportion considérable de leur chiffre d'affaires au donneur d'ordres. Il faut aussi mentionner que plus de la moitié du volume d'achat du donneur d'ordres s'effectue auprès de ces entreprises. Le flux d'information doit être optimisé essentiellement avec ces entreprises puisque la gestion de ces pièces est critique dans la réduction du temps de passage. En effet, elles demandent une gestion plus complexe puisque les composants de bois tels que, les dossiers, les pattes, les bases de tables, les buffets ont un coût de maintien en inventaire élevé. De plus, le risque de désuétude est très important puisque la création de nouvelles collections de meubles est un processus continuel chez le donneur d'ordres. Aussi, il offre un nombre important de modèles pour répondre à sa stratégie de personnalisation du produit par le client. Il faut ajouter que les délais d'approvisionnement de ces composants de bois sont la principale cause du temps de passage à l'intérieur de la chaîne d'approvisionnement et c'est pourquoi le SIIO se concentre sur ces pièces critiques.

Sur ces huit partenaires qui présentent le potentiel le plus intéressant pour investir dans le SIIO et réduire significativement le temps de passage réseau, seulement trois d'entre eux y sont connectés. Ce qui représente un taux de connexion de 38 % des entreprises ciblées. Un peu plus du tiers des entreprises peuvent participer à la réduction du temps de passage réseau par l'utilisation du SIIO. Autrement dit, seulement 38 % des entreprises visées peuvent contribuer à une communication plus efficace, ce qui engendre une amélioration limitée du flux d'information. Premièrement, la situation économique particulièrement difficile des derniers mois n'a pas facilité le déploiement du SIIO. Ce projet a été reporté dans les priorités du département de l'informatique du donneur d'ordres pour concentrer les ressources sur les problématiques liées à la vente et au marketing des produits. Donc, le temps de développement du SIIO a été attribué avec plus de réserve que prévu. À cela se sont ajoutées des problématiques de transferts de données entre les logiciels du donneur d'ordres. Ce qui démontre que le flux d'information est particulièrement dépendant de la compatibilité des systèmes et des logiciels, ce qui est important pour un SIIO.

L'analyse de l'accessibilité interne, ou intraentreprise a été faite à partir des trois entreprises connectées au SIIO, c'est-à-dire le donneur d'ordres, Table α et Tournage α. Cette analyse veut déterminer si l'information diffusée peut facilement être consultée et utilisée par les principaux intervenants qui en ont besoin dans l'exécution de leurs tâches. Le Tableau 4.7 détaille, pour chacune des entreprises, le personnel qui possède un poste de travail avec un accès à au SIIO et le personnel qui utilise l'information diffusée par le SIIO sans y avoir accès directement.

Tableau 4.7 Accessibilité au SIIO du personnel à l'intérieur des entreprises connectées

Entreprises	Personnel avec accès	Personnel sans accès	Remarques
Donneur d'ordres	• Directeur des achats • Acheteurs (3)		Tout le personnel possède une licence Lotus Notes
Tournage α (pilote)	• Adjointe administrative	• Président • Responsable de la production	
Table α (pilote)	• Président	• Adjointe administrative • Responsable de la production	Désirerait installer une licence sur un bureau virtuel (serveur)

Le Tableau 4.7 indique que chez le donneur d'ordres tout le personnel des achats qui doit interagir avec l'information diffusée à l'aide du SIIO possède un poste de travail avec une licence Lotus Notes et un accès. En fait, tout le personnel de l'entreprise utilise Lotus Notes puisqu'il est aussi utilisé pour la gestion des courriels et de l'agenda. Pour ce qui est des deux entreprises pilotes, on constate des similitudes. Le personnel concerné par le SIIO, soit les commandes, les priorités et les changements de date de livraison, sont sensiblement les mêmes. En général, la plupart des huit sous-traitants de composants de bois fonctionnent aussi de cette façon. Une adjointe administrative s'occupe de récupérer les commandes du donneur d'ordres et de les entrer dans le système. Ensuite, un responsable de la production s'occupe de la mise en fabrication de ces commandes et gère les priorités et les demandes de changements de date. Comme il s'agit de PME, le président est informé et participe à la prise de décision. Ce qui veut dire que pour les deux entreprises pilotes, environ le tiers du personnel dont les tâches sont en lien avec l'information du SIIO y a accès directement.

Pour les autres, ils doivent recevoir l'information et interagir par l'intermédiaire de ceux qui ont l'accès. Avec ces intermédiaires, le flux d'information est coupé et ne se rend pas directement au personnel principalement concerné. Face à cette situation contraignante, l'entreprise Table α se concentre sur la possibilité d'installer une seule licence sur un bureau virtuel accessible par tout le personnel afin de permettre une connexion à tour de rôle. Ce compromis offrirait une meilleure autonomie à tout le personnel qui peut avoir besoin du SIIO. À plus long terme, cette entreprise est même prête à se procurer d'autres licences pour chaque utilisateur dans le cas où il est possible de remplacer leur logiciel actuel de courriel et d'agenda, Microsoft Outlook, par Lotus Notes. En général, cette faible proportion de licences installées s'explique par la retenue des entreprises du meuble à investir dans des projets à moyen et à long terme puisque les retombées financières ne sont pas garanties immédiatement. Les entreprises se sont procuré le minimum de licences nécessaires pour mettre à l'essai le SIIO et valider son efficacité avant d'augmenter les investissements dans d'autres licences.

En résumé, environ 38 % des entreprises ciblées utilisent le SIIO et seulement le tiers du personnel directement concerné par l'information qu'il diffuse a un accès immédiat. Ce qui ampute le flux d'information de plusieurs liens de communication d'influence pour réduire le temps de passage réseau, et pour déclencher les changements de processus nécessaires afin d'améliorer la performance des entreprises. Cette situation limitative présente une explication complémentaire par rapport aux résultats peu révélateurs des indicateurs de performance. En effet, on constate que la proportion d'entreprises connectées au SIIO est trop faible pour provoquer une amélioration de la performance de la chaîne d'approvisionnement. Une trop faible proportion laisse supposer que les processus d'affaires en place n'ont pas encore été modifiés pour exploiter le potentiel du SIIO avec une minorité d'entreprises. Les processus ont été conservés dans leur état d'origine afin de conserver une méthode standard pour gérer les processus avec toutes les entreprises, qu'elles soient connectées ou non. Dans le processus d'implantation, on constate un effet inhibiteur puisque le manque de résultats perceptibles sur la performance provoque chez les entreprises une réserve envers l'acquisition de licences pour utiliser le SIIO. Alors que cette même retenue paralyse le développement de nouveaux processus d'affaires uniformes auprès de toutes les entreprises avec le SIIO.

La diversité de l'information diffusée avec le SIIO

L'amélioration du flux d'information avec le SIIO s'observe par la diversité de l'information qu'il diffuse. La diversité de l'information permet de fournir des données pour chacun des processus d'affaires qui influencent le temps de passage en chaîne d'approvisionnement. Il faut avoir une diversité adaptée aux besoins des différentes prises de décisions dans toute la chaîne d'approvisionnement.

La diversité de l'information est évaluée à l'aide d'études comparatives. Dans un premier temps, les besoins en information exprimés à la CIRM par les huit entreprises du Tableau 4.6, sont comparés avec les résultats du rapport de Bergeron et al. (2008) concernant la même chaîne d'approvisionnement. Ce rapport aborde les lacunes en communication qui occasionnent des délais dans la fabrication des meubles incluant le fournisseur de panneaux de bois, les sous-traitants de composants de meubles et le donneur d'ordres qui assure l'assemblage. Dans un second temps, une deuxième comparaison met en relation les besoins en information des entreprises avec les résultats de l'article de Lancioni et al. (2003b), qui énoncent les applications développées par les entreprises en chaîne d'approvisionnement afin d'établir une meilleure communication à l'aide d'Internet. Aussi, cet article conclut que ces chaînes d'approvisionnement peuvent bénéficier d'une réduction des coûts, d'une agilité accrue et d'une flexibilité supérieure. L'agilité et la flexibilité sont des facteurs essentiels dans la réduction du temps de passage d'une chaîne d'approvisionnement, surtout pour les entreprises du meuble puisque le donneur d'ordres suit une stratégie de personnalisation de masse.

Tout d'abord, la Figure 4.3 compare l'information que les entreprises de la chaîne d'approvisionnement ont demandé de diffuser à l'aide du SIIO avec l'analyse faite par Bergeron et al. (2008). La colonne de gauche énonce les besoins mentionnés en information par les huit entreprises volontaires, mentionnées au

Tableau 4.1, en début et en milieu du développement du SIIO. On constate qu'avec quelques mois de recul, les besoins en information essentiellement tournés vers la fonction de production (commandes, dessins techniques, prévisions, etc.) se sont élargis vers d'autres éléments de gestion pouvant aussi influencer, même indirectement, le temps de passage réseau. En présence du SIIO, les entreprises continuent de développer des intérêts pour la communication.

La colonne de droite est tirée du Tableau 3.2 et provient de l'étude faite par Bergeron et al. (2008) dans le cadre des activités de la CIRM concernant la même chaîne d'approvisionnement impliquée dans le développement du SIIO. Antérieurement, la CIRM a réalisé une première analyse des bénéfices apportés par un outil de communication web permettant d'échanger des données entre les entreprises. Cette analyse proposait de diffuser, avec l'aide d'Internet, des données entre les fournisseurs de panneaux, les sous-traitants de composants de meubles et le donneur d'ordres. Ce partage d'information voulait éliminer les facteurs qui occasionnent des retards sur les dates de livraison et des délais de fabrication à l'intérieur de la chaîne d'approvisionnement.

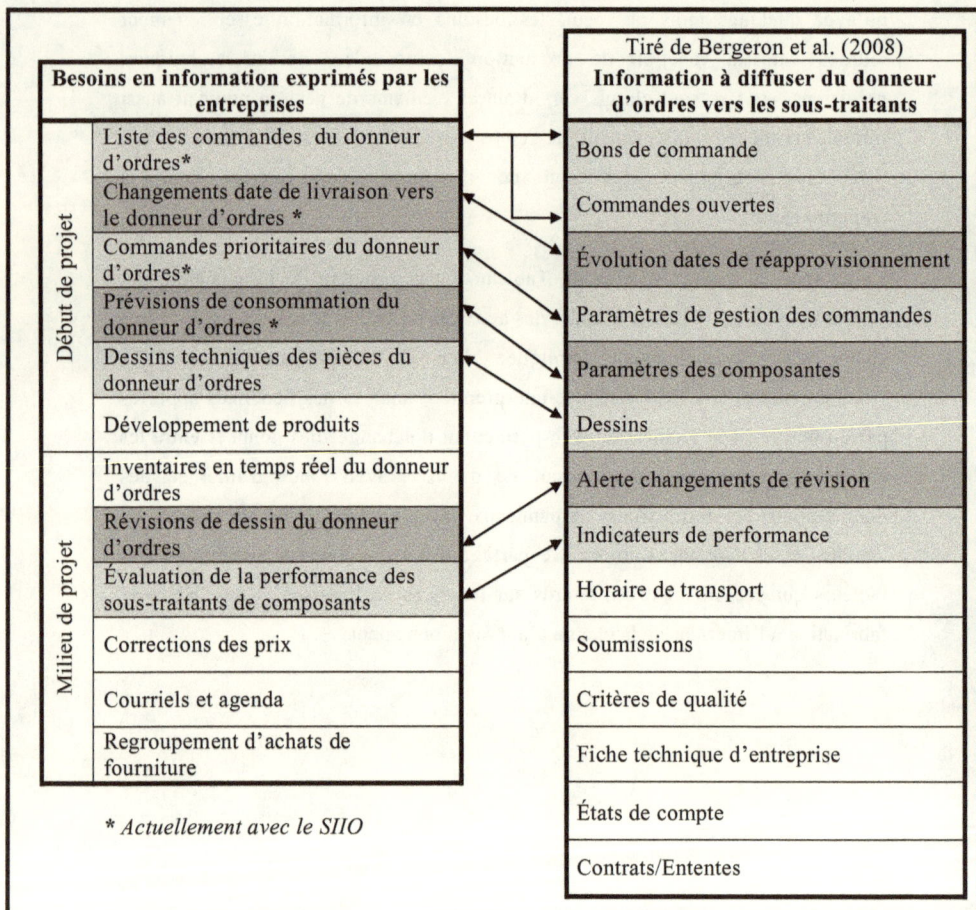

Besoins en information exprimés par les entreprises	Tiré de Bergeron et al. (2008) Information à diffuser du donneur d'ordres vers les sous-traitants
Début de projet Liste des commandes du donneur d'ordres*	Bons de commande
Changements date de livraison vers le donneur d'ordres *	Commandes ouvertes
Commandes prioritaires du donneur d'ordres*	Évolution dates de réapprovisionnement
Prévisions de consommation du donneur d'ordres *	Paramètres de gestion des commandes
Dessins techniques des pièces du donneur d'ordres	Paramètres des composantes
Développement de produits	Dessins
Milieu de projet Inventaires en temps réel du donneur d'ordres	Alerte changements de révision
Révisions de dessin du donneur d'ordres	Indicateurs de performance
Évaluation de la performance des sous-traitants de composants	Horaire de transport
Corrections des prix	Soumissions
Courriels et agenda	Critères de qualité
Regroupement d'achats de fourniture	Fiche technique d'entreprise
Actuellement avec le SIIO	États de compte
	Contrats/Ententes

Figure 4.3 Étude comparative entre les besoins en information mentionnés et l'étude de Bergeron et al. (2008)

Selon la colonne de droite, on constate que seulement un seul niveau d'entreprises est représenté, celui entre les sous-traitants de composants et le donneur d'ordres. Les éléments de communication entre le fournisseur de panneaux et les sous-traitants ne sont pas présentés puisque les fournisseurs de panneaux ont été exclus du développement du SIIO parce que le donneur d'ordres voulait les impliquer ultérieurement comme utilisateurs. Les traits qui lient les cellules des colonnes de droite et de gauche servent à identifier les informations semblables. Dans la colonne de gauche, on retrouve sept informations correspondantes aux suggestions de Bergeron et al. (2008) touchant principalement la gestion des commandes, des prévisions de consommation du donneur d'ordres et les dessins techniques. Cependant, le travail de Bergeron et al. (2008) suggère 28 éléments à communiquer au total, mais la Figure 4.3 n'en présente que 14 puisque les autres éléments traitent de la diffusion entre les fournisseurs et les sous-traitants.

Les besoins mentionnés par les entreprises ne correspondent dans un premier temps qu'à 25% de l'information à diffuser selon le rapport de Bergeron et al. (2008) sur des éléments significatifs pour réduire les délais dans le réseau. Cependant, trois besoins mentionnés par les entreprises apportent surtout des avantages facilitant la gestion en général : corrections des prix, courriels et agenda et un regroupement d'achats. Donc, 25 % des besoins mentionnés par les entreprises ne sont pas en relation directe avec la diminution des délais d'approvisionnement. Bien que l'analyse de Bergeron et al. (2008) mentionne les horaires de transport et les critères de qualité comme des informations importantes à communiquer, les entreprises n'y voient pas le même intérêt. Pourtant, la non-qualité engendre des ralentissements de production, et un horaire de transport commun permettrait de planifier des transports plus fréquents pour un approvisionnement plus rapide. De plus, la communication de contrats ou d'ententes faciliterait l'implantation de règles de conduite plus rigoureuses pour réduire les délais et pour convenir de nouveaux processus d'affaires plus efficaces. Donc, en comparaison avec les suggestions de Bergeron et al. (2008) la diversité de l'information demandée par les entreprises est relativement faible avec une concordance de seulement 25% entre les deux études. Cependant, la majorité des demandes des entreprises en information sont adéquates pour réduire le temps de passage réseau. Mais actuellement, le SIIO ne diffuse que les éléments identifiés (*) à la Figure 4.3, ce qui réduit considérablement la diversité de l'information communiquée en comparaison avec l'analyse de Bergeron et al. (2008) démontrant ainsi une faible diversité dans le flux d'information ne représentant plus que 15 % des éléments de cette analyse.

91

À la Figure 4.4, les demandes en information des entreprises sont comparées avec les observations de Lancioni et al. (2003b). Ces observations relatent des applications informatiques stratégiques avec Internet en chaîne d'approvisionnement. Ces applications ont des objectifs de performance plus globaux considérant à la fois la productivité et la rentabilité. La réduction du temps de passage s'associe naturellement aux objectifs de productivité tels qu'ils sont présentés dans l'article de Lancioni et al. (2003b). La colonne de droite de la Figure 4.4 présente une partie du contenu de l'article de Lancioni et al. (2003b). Cette colonne présente les catégories principales des processus sous lesquelles ont été regroupées les applications. Le détail de ces applications se retrouve au Tableau 3.3.

Seulement quatre des sept catégories énumérées par Lancioni et al. (2003b) sont présentes dans les demandes des entreprises, soit 57 % des processus qui communiquent selon cette analyse. Les entreprises souhaitent surtout développer la communication autour du traitement des commandes du donneur d'ordres, de la gestion des stocks du donneur d'ordres et la relation avec les sous-traitants. La relation avec les sous-traitants est la plus mentionnée puisque les entreprises de la chaîne d'approvisionnement considèrent qu'il est délicat d'obtenir des informations essentielles de la part du donneur d'ordres.

Des éléments importants pour obtenir une réduction du temps de passage en réseau d'entreprises ne sont pas considérés par les besoins des entreprises. Il s'agit de la gestion du transport et de l'ordonnancement de la production qui sont des facteurs clés pour développer des stratégies de JAT permettant des approvisionnements plus réguliers avec une meilleure synchronisation de l'arrivée des composants et de leur transformation en meubles, avec des niveaux de stocks faibles dans la chaîne d'approvisionnement. D'ailleurs, la question du transport est aussi jugée importante dans l'étude de Bergeron et al. (2008).

Besoins en information exprimés par les entreprises	Selon l'article de Lancioni et al. (2003) Communication entre processus en chaîne d'approvisionnement
Début de projet	
Liste des commandes du donneur d'ordres*	Traitement des commandes
Changements date de livraison vers le donneur d'ordres *	Gestion des stocks
Commandes prioritaires du donneur d'ordres*	Relations avec les vendeurs (sous-traitants)
Prévisions de consommation du donneur d'ordres *	Achats/approvisionnement
Dessins techniques des pièces du donneur d'ordres	Transport
Développement de produits	Service à la clientèle (donneur d'ordres)
Milieu de projet	
Inventaires en temps réel du donneur d'ordres	Ordonnancement de la production
Révisions de dessin du donneur d'ordres	
Évaluation de la performance des sous-traitants de composants	
Corrections des prix	
Courriels et agenda	*Actuellement avec le SIIO*
Regroupement d'achats de fourniture	

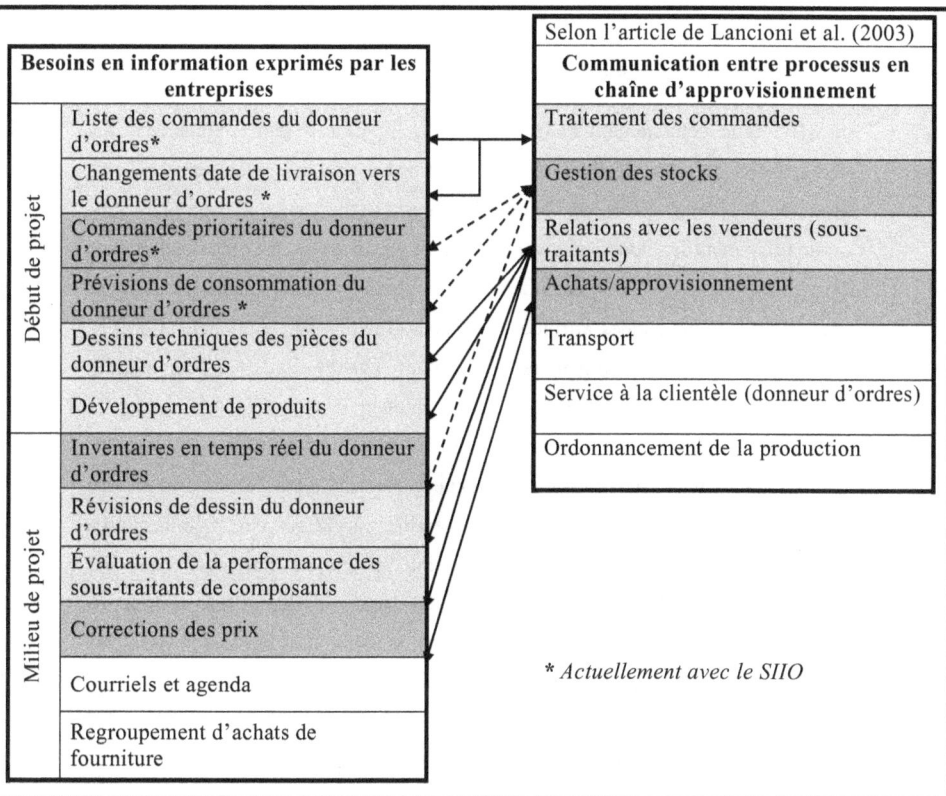

Figure 4.4 Étude comparative entre les besoins en information mentionnés et l'étude de Lancioni et al. (2003)

Quant à l'information qui est actuellement diffusée avec le SIIO, on remarque que seulement deux des catégories mentionnées par Lancioni et al. (2003b) s'y retrouvent, soit la gestion des stocks et l'approvisionnement. En se limitant à l'information diffusée avec le SIIO de communication, uniquement deux des sept catégories de processus sont touchées par le SIIO. Ce qui laisse croire que la diversité de l'information actuelle est relativement faible en comparaison avec l'article de Lancioni et al. (2003b). Ce qui implique que le nombre de processus qui peuvent participer à une réduction du temps de passage réseau avec l'utilisation du SIIO est limité.

La quantité de données échangée avec le SIIO

Le SIIO relie actuellement trois entreprises. La gestion des commandes, des changements de dates de livraison et des priorités demandent au serveur Lotus Domino de gérer près de 1200 documents (fichiers). Le serveur crée automatiquement les documents nécessaires et prend aussi en charge leur mise à jour journalière. Ces 1200 documents contiennent principalement des données concernant les commandes attribuées aux sous-traitants par le donneur d'ordres. Techniquement, un document est créé pour chaque ligne de commandes contenues dans le progiciel de gestion du donneur d'ordres. Les demandes de changements de date et les signaux prioritaires sont peu fréquents, soit moins de 5 % des lignes de commandes en contiennent. Donc, l'ajout de données en lien avec ces deux éléments est facilement gérable par le serveur. L'information contenue dans ces documents est disponible et circule librement entre les utilisateurs du SIIO selon les besoins. En résumé, le flux d'information est supporté efficacement par la quantité de données qui circulent entre les entreprises connectées au SIIO pour toutes les fonctions programmées.

4.5.3   Analyse des TI utilisées pour développer le SIIO

L'analyse des technologies de l'information utilisées pour développer le SIIO se base sur les deux critères présentés à la Figure 2.1, soit l'alignement du SIIO avec les stratégies d'affaires et manufacturières de chaque entreprise, et l'acceptation des utilisateurs envers le SIIO.

Analyse de l'alignement stratégique du SIIO

Comme mentionné précédemment, l'analyse de l'alignement stratégique de du SIIO se base sur les travaux de Raymond et Croteau (2009) selon lesquels il existe une relation entre la stratégie d'affaires d'une entreprise et sa stratégie manufacturière. Si cette relation démontre un alignement positif ou négatif, la

94

performance de cette même entreprise se voit favorisée ou défavorisée. En se servant de ces travaux, il devient possible de déterminer si le SIIO évolue dans un environnement qui lui est favorable pour réduire le temps de passage réseau selon cet alignement entre ces stratégies. Le Tableau 4.8 présente les évaluations faites par la direction de chacune des entreprises afin de déterminer leur stratégie d'affaires. Cette évaluation, basée sur une échelle de Likert allant de 1 à 5, sert à identifier la stratégie dominante pour chacune des entreprises utilisant le SIIO. Ces stratégies d'affaires sont présentées à la section 2.5.

Tableau 4.8 Évaluation de la stratégie d'affaires dominante des entreprises utilisant le SIIO

Entreprises	Évaluation de la stratégie d'affaires		
	Prospecteur	Défenseur	Analyse
Tournage α	2,5	**4**	1
Table α	3	**4**	3,5
Donneur d'ordres	**3,5**	**3,5**	3

D'une part, le Tableau 4.8 permet de constater que les deux entreprises pilotes du projet ont une stratégie d'affaires orientée sur le profil « défenseur ». Ce profil se décrit comme une entreprise ayant pour objectif principal de protéger ses parts de marché actuelles avec ses produits existants principalement en réduisant les coûts et en améliorant la qualité. D'un autre côté, la stratégie d'affaires du donneur d'ordres semble moins évidente à déterminer par les dirigeants. Il s'agit d'une stratégie d'affaires hybride qui semble accorder la même importance aux profils de « défenseur » et « prospecteur ». En ce qui concerne le profil « prospecteur », il se décrit comme une entreprise qui s'investit continuellement dans un processus d'innovation et qui lance régulièrement de nouveaux produits sur le marché. Avant même d'analyser les stratégies manufacturières et leur alignement, on remarque que les entreprises pilotes ont une stratégie d'affaires définie, alors que le donneur ne peut distinguer une stratégie d'affaires dominante. Par conséquent, la présence d'un alignement avec la stratégie manufacturière correspondante devient plus facile à établir avec les entreprises pilotes qu'avec celle du donneur d'ordres qui semble plus floue.

La méthode de calcul utilisée pour déterminer l'alignement des stratégies d'affaires et manufacturière est reprise de l'analyse de Rayond et Croteau (2009). Le Tableau 4.9 présente les résultats obtenus à l'aide du formulaire d'évaluation des stratégies manufacturières de l'Annexe III. Ces résultats ont été obtenus à partir d'une échelle de Likert allant de 1 (possède une maîtrise très faible de la technologie) à 5 (possède une maîtrise très élevée de la technologie).

Tableau 4.9 Résultats de l'évaluation des stratégies manufacturières par les entreprises

	Entreprises connectées			Échantillon de Raymond et Croteau (2009) (n=150)	
	Donneur d'ordres	Table α	Tournage α		
Technologies de développement de produits				Moyenne	Écart-type
Dessin assisté par ordinateur (DAO)	4,5	0	4,8		
Conception assistée par ordinateur (CAO)	0	0	0		
Fabrication assistée par ordinateur (FAO)	0	0	0		
Conception et fabrication assistée par ordinateur (CAO/FAO)	3	4	4,8		
Total	7,50	4,00	9,60	7,20	6,4
Technologies de processus					
Automates programmables (PLC)	4,5	0	4,8		
Commandes numériques par calculateur CNC	3	4,5	0		
Opérations robotisées	4	0	0		
Cellules de fabrication flexibles	4,5	4	3,2		
Manutention automatisée VGA	3	3	0		
Total	19,00	11,50	8,00	6,6	5,2
Applications logistique/planification					
Ordonnancement de production assistée par ordinateur (Excel, Access)	4,5	4,5	0		
Codes à barres	4,5	3	4,8		
Échange de données informatisées (EDI)	4	0	0		
Application de planification des besoins matière (MRP)		0	0		
Application de planification des ressources de production(MRP-II)	0	0	0		
Progiciel de gestion intégrée (ERP)	3,5	4	4,8		
Total	16,50	11,50	9,60	6,10	4,6

Le tableau précédent indique l'évaluation faite par les entreprises concernant leur perception de leur assimilation de différentes technologies associées à des stratégies manufacturières « innovation », « flexibilité » et « intégration » que l'on retrouve au Tableau 2.2. La colonne de droite du Tableau 4.9 présente les résultats de Raymond et Croteau (2009) au sujet du même questionnaire distribué à 150 ME canadiennes. Cette colonne indique la moyenne et l'écart-type obtenu pour chacun des trois groupes de technologies évalués. Ces données permettent de comparer les résultats obtenus pour chacune des trois entreprises connectées au SIIO avec un échantillon afin de déterminer si le niveau d'assimilation des différentes technologies est faible, moyen ou fort par rapport à ce même échantillon.

Le Tableau 4.10 présent la probabilité correspondant aux résultats de chacune des entreprises du Tableau 4.9 par rapport à l'échantillon de Raymond Croteau (2009) considérant que ce dernier suit une distribution normale.

Tableau 4.10 Probabilité des trois entreprises connectées au SIIO par rapport à l'échantillon de Raymond et Croteau (2009)

	Entreprises connectées au SIIO		
	Donneur d'ordres	Table α	Tournage α
Systèmes de fabrication de pointe			
Technologies de développement de produits	0,52	0,31	0,65
Technologies de processus	0,99	0,83	0,61
Applications logistique/planification	0,99	0,88	0,78

Le Tableau 4.10 s'interprète de la façon suivante, si l'on prend la valeur de 0,52 en haut à gauche, on interprète que 52 % des entreprises de l'échantillon de 150 entreprises de Raymond et Croteau (2009) ont une assimilation inférieure à celle du donneur d'ordres en ce qui concerne les technologies de développement de produits. À partir de ces résultats, l'auteur a défini que toutes valeurs du Tableau 4.10 inférieures à 0,33 indiquent une assimilation faible, toutes valeurs comprises entre 0,33 et 0,66 indiquent une assimilation moyenne, et toutes valeurs supérieures à 0,66 indiquent une assimilation forte. Ce qui amène aux résultats du Tableau 4.11.

Tableau 4.11 Niveau d'assimilation des technologies manufacturières des entreprises qui utilisent le SIIO par rapport à l'échantillon de Raymond et Croteau (2009)

	Entreprises connectées au SIIO		
	Donneur d'ordres	Table α	Tournage α
Systèmes de fabrication de pointe			
Technologies de développement de produits	Moyen	Faible	Moyen
Technologies de processus	Fort	Fort	Moyen
Applications logistique/planification	Fort	Fort	Fort

C'est à partir de ces données que l'alignement entre la stratégie manufacturière et la stratégie d'affaires est calculé. Le calcul suit la méthodologie utilisée par Raymond et Croteau (2009). La formule de calcul utilisé est basée sur le principe que des valeurs de -1, 0 et 1 sont attribuées respectivement au niveau d'assimilation faible, moyen et fort. À partir de là, des formules mathématiques déterminent l'alignement avec chacune des trois stratégies d'affaires. Ce calcul se base sur la détermination de la distance euclidienne entre les valeurs du profil idéal du Tableau 2.2 et les valeurs obtenues au Tableau 4.11. Il faut se référer à l'article de Raymond et Croteau (2009) pour obtenir le détail de ces calculs. Les valeurs d'alignement obtenues ont été ramenées à une valeur relative qui indique le pourcentage avec lequel l'entreprise est alignée avec la stratégie d'affaires allant de 0 % à un alignement parfait de 100 %. Les résultats sont présentés au Tableau 4.12. Rappelons que dans la réalité, les trois profils de « prospecteur », « défenseur » et « analyste » sont des idéaux et qu'aucune entreprise n'est purement l'un de ces profils.

Tableau 4.12 Alignement de chaque entreprise avec les trois stratégies d'affaires

	Alignement (%)		
Entreprises	Prospecteur	Defenseur	Analyste
Donneur d'ordres	☆18,3	☆ 35,1	59,2
Table α	0,0	☆ 42,0	42,4
Tournage α	25,3	☆ 59,1	42,4

Les cases grisées indiquent les alignements dominants selon l'assimilation des différentes SFP par les entreprises. Les étoiles identifient les stratégies d'affaires dominantes exprimées par chacune des entreprises selon le Tableau 4.8. Mentionnons que le SIIO se rattache aux SFP d'applications de logistique et de planification et ces SFP sont les plus prédominants pour le profil de défenseur.

Sur les trois entreprises évaluées, le donneur d'ordres présente une déviation marquée par rapport à ses deux stratégies d'affaires. En effet, son profil tend à se rapprocher significativement de la stratégie d'analyste alors qu'il se définit comme partagé entre les stratégies de « prospecteur » et de « défenseur ». Ce qui présente un désalignement marqué plaçant le SIIO dans un environnement défavorable pour contribuer à l'amélioration de la performance de l'entreprise.

Pour ce qui est des deux sous-traitants, Tournage α, présente un alignement positif entre sa stratégie d'affaires de « défenseur » et son assimilation des différentes SFP avec 59,1 %. Ce qui fait de lui un sujet particulièrement intéressant par rapport à l'utilisation du SIIO. Ce qui veut dire que la performance de l'entreprise Tournage α risque de s'améliorer à mesure que son assimilation du SIIO se développe. Le SIIO se retrouve dans un environnement favorable pour en retirer le plus d'avantages possible.

La situation du deuxième sous-traitant, Table α, est moins prometteuse. D'après les résultats, ils ne présentent pas d'alignement significativement dominant. Celui-ci est partagé entre les profils de « défenseur » et « analyste ». Ce qui laisse sous-entendre que l'utilisation du SIIO ne bonifierait pas la performance de cette entreprise avec le même potentiel que Tournage α. L'environnement de Table α est moins favorable pour que le SIIO puisse améliorer sa performance.

En suivant les mêmes critères que ceux du Tableau 4.9, les entreprises ont évalué leur assimilation du SIIO. Le Tableau 4.13 présente les résultats. Rappelons que le SIIO s'apparente aux applications de logistique et de planification.

Tableau 4.13 Résultats de l'évaluation du SIIO par les entreprises

Entreprises	Évaluation de l'assimilation du SIIO
Donneur d'ordres	3
Table α	3,8
Tournage α	3,8

On remarque que l'évaluation du donneur d'ordres est la plus faible. Cependant, si l'on se fie à son alignement, une amélioration de l'assimilation du SIIO n'est pas propice à engendrer une performance supérieure chez cette entreprise. Cette situation laisse anticiper des conflits au niveau des processus en place. Leur modification pour s'adapter au SIIO peut provoquer des incohérences avec les méthodes de travail en place. Autrement, il y a un risque que l'entreprise ne soit pas en mesure d'exploiter le SIIO et d'être dans l'incapacité d'améliorer sa performance pour la chaîne d'approvisionnement.

D'un autre côté, les deux autres entreprises ont avantage à développer encore leur assimilation, car leur alignement est nettement supérieur et offre au SIIO des conditions permettant d'atteindre une performance supérieure à mesure que l'assimilation du SIIO s'accroît. En résumé, selon l'alignement des stratégies d'affaires et manufacturières, seulement une seule des trois entreprises, Tournage α, est nettement favorisée par l'utilisation du SIIO pour obtenir une meilleure performance. En ce qui concerne Table α, cette réalité est aussi vraie, mais à moins grande envergure. Alors que pour le donneur d'ordre son alignement défavorise nettement le potentiel que représente le SIIO sur la réduction du temps de passage.

Analyste de l'acceptation et de la satisfaction du SIIO par les utilisateurs

L'analyse de l'acceptation du SIIO est le deuxième élément de la Figure 4.2 qui vient compléter l'analyse des TI utilisées dans la conception du SIIO. Cette analyse se concentre sur la facilité avec laquelle le SIIO est introduit dans les méthodes de travail des utilisateurs. Cette analyse est faite à partir du *Technology Acceptance Model* de Davis (1989). Le Tableau 4.14 présente les résultats obtenus à partir de la compilation des formulaires d'acceptation des technologies de l'Annexe IV. Ces formulaires ont été distribués aux principaux utilisateurs du SIIO. Cinq formulaires ont été remis au total. À l'intérieur de ce formulaire se retrouvent 11 questions concernant deux caractéristiques : la perception de l'utilité et la perception de la facilité d'utilisation du SIIO. Chacune des questions est évaluée à partir d'une échelle allant de 1 (extrêmement improbable) à 7 (extrêmement probable).

Tableau 4.14 Résultats des formulaires d'acceptation des technologies par les entreprises

		Évaluation des questions											Moyenne		
		Utilité						Facilité d'utilisation							
Entreprises	Évaluateurs	#1	#2	#3	#4	#5	#6	#7	#8	#9	#10	#11	Globale	Utilité	Facilité
Donneur d'ordres	Acheteur 1	6	6	5	5	5	6	6	6	6	6	6	5,7	5,5	6,0
	Acheteur 2	6	3	4	4	5	6	6	7	6	7	7	5,5	4,7	6,6
	Acheteur 3	6	5	4	4	4	4	6	6	6	6	6	5,2	4,5	6,0
Table α	Président	6	6	6	6	6	6	5	6	5,5	6	6	5,9	6,0	5,7
Tournage α	Adjointe-administrative	1	1	2	2	2	4	6	5	6	5	6	3,6	2,0	5,6

En général, on remarque que l'acceptation du SIIO oscille entre 5=légèrement probable et 6=tout à fait probable que lew SIIO soit utile à la tâche de l'utilisateur et que le SIIO puisse être facilement utilisé par celui-ci. Toutefois, le sous-traitant Tournage α présente une évaluation nettement inférieure se situant entre 3=Légèrement improbable et 4=Neutre. Ce qui veut dire que le SIIO est plutôt perçu comme un élément futile, mais non nuisible. En général, on peut affirmer que le SIIO est accepté par la majorité des entreprises, mais pas à l'unanimité puisque Tournage α remet en question son utilité.

Selon les moyennes, la facilité d'utilisation obtient un résultat plus élevé que l'utilité du SIIO, sauf pour Table α où l'écart entre les deux est minime. Donc, les utilisateurs s'adaptent facilement au SIIO et peuvent aisément s'en servir. Bien que le résultat ne soit pas au maximum et que du travail sur l'ergonomie du logiciel puisse encore entre réalisé, le choix de Lotus Notes et des interactions logicielles qu'il offre conviennent suffisamment aux besoins des utilisateurs. Par conséquent, l'interface du logiciel composant le SIIO est acceptable selon les utilisateurs.

D'un autre côté, les résultats de l'utilité du SIIO ne sont pas aussi positifs. L'utilité du SIIO est nettement contestée par le sous-traitant Tournage α et très bien perçue par le sous-traitant Table α. Pour le donneur d'ordres, ses acheteurs ont un point de vue qui est légèrement positif. Les opinions sont partagées. Plusieurs raisons expliquent cette situation. Pour le sous-traitant, bien que le donneur d'ordres soit son principal client, il doit tout de même traiter les commandes d'autres clients qui n'ont aucun lien avec le donneur d'ordres et qui ne sont pas connectés au SIIO. Ce qui lui demande de travailler avec deux systèmes en parallèle pour les mêmes processus et cela vient complexifier les tâches. Cette même raison s'applique aussi avec les acheteurs du donneur d'ordres qui doivent gérer des commandes avec des sous-traitants autres que ceux impliqués avec le SIIO. Là aussi, le problème de gestion en double se pose. La deuxième raison qui touche essentiellement Tournage α, concerne directement l'information et les interactions supportées par le SIIO. Afin d'être plus efficace et plus rapide dans la fabrication des commandes pour le donneur d'ordres, le sous-traitant considère que le SIIO devrait aussi transmettre de l'information concernant les dessins techniques. Ce qui signifie, par exemple, d'avoir accès au format vectoriel librement et d'avoir une meilleure communication au sujet des révisions de dessin. Alors que pour Table α, ce n'est pas une nécessité puisque l'accès restreint au dessin ne crée pas chez lui une gestion supplémentaire qui vient ralentir significativement ses processus.

En résumé, le SIIO est relativement bien accepté. Ce qui est principalement dû à sa facilité d'utilisation qui laisse supposer que les utilisateurs n'ont pas de réticence à le maîtriser. Malgré cela, le potentiel du SIIO est réduit puisque l'information qu'il communique ne correspond pas pleinement aux attentes ou aux besoins des utilisateurs. Ce qui veut dire que l'information et les fonctions choisies au départ pour développer le SIIO ne suscitent pas un intérêt équivalent pour toutes les entreprises. La diversité des composants fabriqués par les sous-traitants exige chez eux des besoins en information différents. De plus, ces besoins ne sont pas perçus avec la même importance par chaque entreprise. Ce qui permet de faire le lien avec la diversité de l'information diffusée par le SIIO qui a été déclarée comme insuffisante précédemment. Par conséquent, comme le SIIO ne combine pas un niveau d'utilité et de facilité d'utilisation satisfaisant, il y a un risque que le SIIO soit perçu comme inutile par certains utilisateurs et que les anciennes méthodes de travail redeviennent celles appréciées par les utilisateurs.

Bien que l'acceptation du SIIO soit positive, celle-ci n'est pas convaincante. C'est-à-dire que son implantation dans les habitudes de travail pour remplacer les processus actuels n'est pas garantie. Il y a un risque que le SIIO soit laissé de côté par manque d'intérêt si l'information qu'il communique n'est pas mieux adaptée aux utilisateurs. L'acceptation des TI reste incertaine à moyen et à long terme. On remarque que dans le processus d'implantation d'un SIIO, l'utilité de celui-ci peut être remise en question très tôt dans le processus d'implantation si aucun gain n'est rapidement perçu.

4.6   Conditions d'implantation favorables du SIIO

Selon les résultats démontrés précédemment, il est possible de mettre en évidences des conditions favorables pour en augmenter les chances de succès d'une démarche semblable à celle réalisée dans ce mémoire. Ces conditions auraient avantage à être intégrées à l'intérieur d'une démarche de développement et d'implantation d'un SIIO.

Engagements et responsabilités des intervenants

- Avant d'entreprendre un projet de développement et d'implantation d'un SIIO, il faut obtenir un engagement sincère et explicite des entreprises elles-mêmes pour modifier les processus en place.

- Il faut éviter qu'une organisation externe à la chaîne d'approvisionnement ne prenne l'entière responsabilité de l'avancement du projet. Sinon, les entreprises deviennent déresponsabilisées et le projet risque de tomber à l'abandon lors du retrait de l'organisation.

- Un projet de réduction du temps de passage réseau peut demander une remise en question des processus en place, et cette démarche a besoin d'être dirigée et d'être la responsabilité des entreprises. Elles doivent se rencontrer et entreprendre un travail commun.

L'adaptation des processus et des stratégies d'affaires au SIIO

- Le plus tôt possible, il faut identifier les processus en place qui peuvent entraver les objectifs de l'implantation du SIIO et y confronter les entreprises. Dans le cas présent, on peut faire référence aux économies sur les temps de mise en course et les commandes selon le lot économique pour minimiser les coûts qui neutralisent la modification des processus d'affaires pouvant amener à une réduction des délais.

- Les processus d'affaires pouvant mener à une réduction du temps de passage ne doivent pas être restreints à l'information qui touche la passation de commande et les dates de livraison. Il faut aussi inclure d'autres éléments comme les horaires de transport, les critères de qualité, et des ententes pour faciliter l'implantation de règles de conduite et de nouveaux processus d'affaires plus efficaces.

- Il est nécessaire de propager aussi tôt que possible le SIIO à toutes les entreprises concernées. Les processus en place ne sont pas facilement modifiés tant qu'ils n'accommodent qu'une minorité des utilisateurs.

- Il faut porter une attention particulière aux entreprises qui ne possèdent pas un alignement positif des stratégies d'affaires et manufacturières avec le SIIO. Ce qui crée un environnement peu favorable et le SIIO risque de provoquer des conflits de gestion et opérationnels. Ce qui peut empêcher l'entreprise d'exploiter le SIIO et d'en faire bénéficier sa chaîne d'approvisionnement.

- Après l'implantation d'un SIIO, il faut planifier une période pour apprendre aux entreprises à exploiter plus efficacement l'information et les fonctions disponibles. Les entreprises n'ont pas le réflexe intuitif d'adapter leurs tâches au SIIO pour en tirer profit au maximum.

Évaluer la satisfaction des utilisateurs et le maintien de leur intérêt

- Il est important d'évaluer l'acceptation du SIIO implanté avec un modèle d'évaluation tel que le TAM selon les critères de la facilité d'utilisation de du SIIO et l'utilité de ce dernier. Il est important d'avoir un résultat satisfaisant pour ces deux critères et non pas seulement une moyenne globale satisfaisante.

- Si les entreprises ne perçoivent pas de gains à court terme, car il y a trop peu d'entreprises connectées, elles peuvent rapidement remettre en question leur intérêt pour le SIIO.

CHAPITRE 5 : CONCLUSION ET AVENUES FUTURES DE RECHERCHE

En tout premier lieu, mentionnons que l'implantation du SIIO n'a pas atteint un stade assez avancé pour constater une réduction du temps de passage réseau. En effet, les mesures comparatives des indicateurs de performance ne démontrent aucune amélioration convaincante. L'implantation du SIIO impliquait trois entreprises à la fin de l'étude, soit le donneur d'ordres et les deux sous-traitants pilotes. Celles-ci utilisaient le SIIO depuis quelques semaines et étaient encore fortement dépendantes de la CIRM quant à son utilisation et son déploiement. Cette situation comporte une mise en garde préliminaire concernant les conclusions de cette étude. Sur l'ensemble de la chaîne d'approvisionnement étudiée, une fraction des entreprises ciblées utilisait le SIIO. De plus, le temps a pu être un facteur limitatif important dans cette étude. Étaler ce projet sur une plus grande période aurait pu permettre d'atténuer l'effet de la courbe d'apprentissage, de connecter plus d'entreprises au SIIO, d'observer s'il y a présence d'un rééquilibrage de l'asymétrie du pouvoir avec le donneur d'ordres, et de constater une amélioration du niveau de confiance entre les entreprises pour encourager la collaboration. Par conséquent, les conclusions qui suivent auraient pu être différentes si l'étude avait porté sur une plus longue période et avec un plus grand échantillon. Il y a un risque à généraliser ces conclusions à d'autres chaînes d'approvisionnement que celle à l'étude.

Toutefois, ces résultats permettent de mieux comprendre le processus d'implantation d'un SIIO. C'est avec un retour sur les variables de recherche, c'est-à-dire les indicateurs de performance, le flux d'information et les TI utilisées, que l'état du processus à la fin de l'étude d'implantation est expliqué.

Selon les résultats des indicateurs de performance, un impact significatif du SIIO se serait révélé par des performances supérieures de la part des sous-traitants pilotes par rapport à la moyenne des sous-traitants. De façon générale, aucune tendance d'amélioration ne s'est dégagée avec certitude. En effet, il n'existe aucun indicateur de performance de stock, de délais, de planification ou de capacité pour lequel les deux sous-traitants pilotes se sont améliorés après l'implantation en ayant un résultat supérieur à celui de la moyenne des sous-traitants.

Puisque les résultats des indicateurs de performance ne sont pas concluants, l'analyse de l'amélioration du flux d'information tente d'apporter une explication complémentaire à ce constat. Il s'agit de déterminer si le SIIO engendre une amélioration de la qualité du flux d'information et dans quelle proportion. D'abord, l'accessibilité interentreprises à l'information a révélé qu'une proportion inférieure à la moitié des entreprises ciblées a été connectée au SIIO (38 %). Ce faible taux interentreprises s'accompagne d'une faible proportion du personnel des sous-traitants pilotes (33 %) utilisant l'information du SIIO et ayant un accès direct au SIIO à leur poste de travail. À ce stade de l'implantation, on constate que par mesure de précaution les entreprises contrôlent rigoureusement l'achat de licences dans leur entreprise pour limiter les investissements. Cette attitude généralisée crée une situation contradictoire dans laquelle les entreprises veulent voir des résultats pour se rassurer et continuer à investir des ressources dans le projet. Cependant, cette immobilisation bloque inévitablement le SIIO dans son développement à un niveau auquel il est encore impossible de constater une amélioration de la performance de la chaîne d'approvisionnement. À ce stade de l'implantation, l'accessibilité à l'information interentreprises et intraentreprise est encore limitée. En effet, cette faible proportion a un effet nuisible puisque si la proportion d'utilisateurs du SIIO reste modeste, les anciennes méthodes de travail sans le SIIO restent présentes pour accommoder la majorité des entreprises. Ce qui empêche d'en exploiter le plein potentiel.

L'amélioration du flux d'information a aussi été évaluée à partir de la diversité de l'information. Cette évaluation comparative des besoins exprimés par les entreprises de la chaîne d'approvisionnement à l'étude a été mise en parallèle avec l'étude de Bergeron et al. (2008) concernant l'information à diffuser au sein de cette même chaîne, et avec l'étude de Lancioni et al. (2003b). La première comparaison avec l'étude de Bergeron et al. (2008) a révélé que les besoins en information mentionnés par les entreprises ne couvrent que 25 % des éléments mentionnés par Bergeron et al. (2008) comme étant prépondérants pour réduire les retards et les délais de fabrication. La seconde comparaison a mis en parallèle les mêmes besoins exprimés par les entreprises de la chaîne d'approvisionnement avec l'étude de Lancioni et al. (2003b) qui traite de manière plus globale des applications stratégiques d'Internet en chaîne d'approvisionnement. Le SIIO ne touche que quatre des sept catégories de processus d'affaires mentionnées par l'étude de Lancioni et al. (2003b). De plus, les entreprises n'ont pas insisté pour diffuser de l'information en lien avec le transport, la qualité des produits et l'ordonnancement de la production. Pourtant, ces éléments sont mentionnés dans les études de Bergeron et al. (2008) et de Lancioni et al. (2003b) comme des facteurs influents dans la réduction du temps de passage en réseau d'entreprises afin de maintenir des niveaux de stocks minimums tout en améliorant la régularité de l'approvisionnement et la synchronisation entre les entreprises. Ce qui amène à la conclusion que les entreprises expriment des besoins en information avec une faible diversité par rapport à l'étude de Bergeron et al. (2008) et celle de Lancioni et al. (2003b). Jusqu'à maintenant, le SIIO n'offre pas toute l'information mentionnée par les entreprises. Les processus pouvant améliorer la performance du temps de passage réseau sont encore restreints par l'état de l'implantation qui doit impérativement offrir d'autres fonctions dans un futur de court à moyen terme. Cette analyse de la diffusion de l'information démontre que la gestion partagée des processus d'affaires en chaîne d'approvisionnement est insécurisante pour les entreprises puisqu'elles tendent à éviter une implication dans la gestion des processus qui pourrait demander un effort conjoint soutenu (la logistique de transport, planification conjointe de la production, etc.)

L'utilisation adéquate des TI a été évaluée afin de déterminer si l'on peut retrouver une autre explication aux indicateurs de performance. L'analyse des TI utilisées pour développer le SIIO s'est basée sur l'alignement du SIIO avec les stratégies d'affaires et manufacturières de chaque entreprise, et l'acceptation des utilisateurs envers le SIIO.

Selon l'alignement des stratégies d'affaires et manufacturières, le donneur d'ordres présente un désalignement prononcé avec le profil recherché du « défenseur ». Par contre, chez les deux sous-traitants pilotes, la situation est à l'inverse créant un environnement favorable à l'utilisation et l'exploitation du SIIO. De plus, l'assimilation du SIIO est supérieure avec ces deux entreprises. Jusqu'à présent, l'implantation se déroule dans un environnement qui n'est pas uniformément favorable dans toutes les entreprises. Pour les sous-traitants pilotes, l'apprentissage du SIIO, à mesure que l'implantation se continue, devrait faire progresser leur performance au sein de la chaîne d'approvisionnement. D'un autre côté, la situation risque d'être plus délicate pour le donneur d'ordres. À plus long terme, le manque d'alignement de ce dernier peut amener un niveau d'incertitude face au SIIO et à son impact à l'intérieur de ses murs. On peut supposer l'apparition de situations conflictuelles entre l'utilisation SIIO chez le donneur d'ordres et la gestion de la chaîne d'approvisionnement.

En ce qui concerne l'acceptation du SIIO par les utilisateurs, la facilité d'utilisation est favorablement perçue par la majorité avec une évaluation très élevée. L'interface utilisée avec un l'environnement Windows ne pose aucune difficulté. Cependant, l'utilité du SIIO est grandement remise en question par l'évaluation de l'une des entreprises. En fait, l'arrivée du SIIO vient compliquer la gestion avec l'utilisation de deux systèmes en parallèle puisque le donneur d'ordres n'est pas l'unique client de ses sous-traitants. De plus, l'information transmise ne correspond pas aux besoins essentiels de chacun des utilisateurs du SIIO puisque chacun d'eux possède des besoins en information différents, et à des degrés différents, que les fonctions développées n'englobent pas encore. Puisque l'acceptation du SIIO ne combine pas un niveau d'utilité et de facilité d'utilisation convainquant, il y a un risque que le SIIO devienne perçu comme inutile, ou comme un irritant, assez tôt dans le processus d'implantation. Cette problématique, qui est déjà ressentie, provient en partie de la méthodologie de développement du SIIO suivant une implantation progressive par l'ajout de fonctions à mesure que le nombre d'utilisateurs augmente. Dans un projet d'implantation comme celui-ci, il faut arriver à contrôler cette perception d'inutilité dans le processus puisque cette tendance se manifeste assez rapidement si aucun gain à court n'est perçu par les entreprises. Ce qui risque de compromettre l'utilisation du SIIO pour conserver les anciennes méthodes de travail.

Après environ 12 semaines d'utilisation, les entreprises sont encore dépendantes de la CIRM pour utiliser le SIIO et elles ne témoignent aucun intérêt pour s'approprier le SIIO après le retrait de la CIRM. À ce stade de l'implantation, les entreprises ne sont pas prêtes à prendre des initiatives, car ni le donneur d'ordres ni les sous-traitants pilotes n'ont tenté de modifier les processus en place. Certaines fonctions ne sont pas exploitées et le SIIO lui-même ne génère aucune initiative touchant l'ordonnancement de la production ou la modification des horaires de transport. Ces initiatives doivent provenir des utilisateurs. Dès le début de l'implantation du SIIO, les entreprises semblent toutes développer un réflexe de protection face aux processus déjà existants. Après ces semaines d'utilisation, les entreprises ne veulent pas déroger de leur politique du lot économique, de leur diminution des mises en course pour des économies de volume, et de leur horaire de livraison fixe. Ce qui suggère que l'implantation d'un SIIO doit prévoir des étapes préparatoires à la modification des processus d'affaires en place, et des étapes complémentaires d'apprentissage pour exploiter l'information et les fonctions du SIIO. Les entreprises doivent se rencontrer pour remettre en cause les pratiques qui viennent à l'encontre de la réduction du temps de passage réseau.

En bref, ce mémoire de maîtrise de ne permet pas d'affirmer clairement que l'amélioration du flux d'information permet de réduire le temps de passage en réseau d'entreprises aussi tôt dans un processus d'implantation. Ces résultats ne concordent pas avec ce que la littérature indique au sujet de l'amélioration de la performance des chaînes d'approvisionnement découlant de la collaboration et des SI. Selon la littérature en général, la collaboration permet de développer la flexibilité, elle permet une complémentarité des spécialisations des entreprises et une amélioration des processus en chaîne d'approvisionnement (Arend et Wisner, 2005; McLaren et al., 2002; Vaaland et Heide, 2007; Williamson et al., 2004). De plus, l'utilisation d'un SIIO permet de compresser les délais administratifs (Humphreys et al., 2001). Tous ces avantages devraient se manifester et favoriser l'amélioration du temps de passage réseau. Ce qui n'a pas été observé.

On peut tenter d'expliquer cette situation on se questionnant sur la faible collaboration générée et sur le maintien de l'asymétrie de pouvoir entre le donneur d'ordres et ses sous-traitants. La gouvernance « captive » (Gereffi et al., 2005) dans laquelle sont maintenus les sous-traitants par rapport au donneur d'ordres se rapproche d'une structure hiérarchique, ou d'une intégration verticale, plaçant le donneur en position de domination importante dans la chaîne d'approvisionnement. Dans cette situation, le donneur d'ordres maintient l'asymétrie du pouvoir pour protéger sa position de décideur principal. Cette gouvernance « captive » tend à encourager les sous-traitants à ne se spécialiser qu'uniquement dans le processus de fabrication des composantes. Ce qui limite les possibilités des sous-traitants à se développer comme PME d'intelligence (Julien et al., 2003). Dans ce contexte, le lancement des activités d'amélioration, à l'échelle de la chaîne d'approvisionnement, dépend en grande partie du donneur d'ordres. Toutefois, les activités amorcées par le donneur d'ordres se centrent essentiellement sur ses propres besoins. Le donneur d'ordres est réticent à l'idée d'impliquer ses sous-traitants dans ses prises de décisions et à leur déléguer une autorité décisionnelle pouvant avoir une répercussion sur sa profitabilité. Autrement dit, les sous-traitants sont exclus de processus qui auraient avantage à évoluer dans un environnement collaboratif tel que le développement de produit. De plus, le donneur d'ordres n'a pas exprimé l'intention d'entreprendre un projet collaboratif d'amélioration de la logistique de transport avec ses sous-traitants. La dynamique créée par la gouvernance « captive » engendre des relations qui ne laissent pratiquement pas de place à la collaboration entre le donneur d'ordres et ses sous-traitants. Les processus interentreprises semblent plutôt figés et ils ont tendance à vouloir conformer le SIIO à ces processus qui n'améliorent pas la performance de la chaîne d'approvisionnement. Alors qu'une attitude voulant adapter les processus interentreprises au SIIO pour développer une collaboration générerait un potentiel pour la réduction du temps de passage réseau plus profitable.

Ce projet contribue à l'avancement des connaissances en présentant une étude de cas sur le prototypage d'un SIIO avec des entreprises d'une même chaîne d'approvisionnement. Cette recherche-action apporte un éclaircissement sur l'importance du flux d'information et sur les facteurs limitatifs de son impact dans une chaîne d'approvisionnement. Ce projet d'implantation d'un SIIO, qui n'a pas su provoquer les améliorations espérées à court terme pour une chaîne d'approvisionnement, contribue à l'identification des facteurs d'implantation favorables. Il démontre que l'implantation d'un SIIO n'entraîne pas une amélioration de la performance d'une chaîne d'approvisionnement de façon inconditionnelle. Ce projet discute de l'effet de l'asymétrie du pouvoir, entre un donneur d'ordres et ses sous-traitants, sur le développement de la collaboration avec un SIIO. De plus, ce projet présente un cas de gouvernance de type « captif » (Gereffi et al., 2005), se rapprochant de l'intégration verticale, et des difficultés que cette gouvernance provoque sur la modification des processus d'affaires avec un SIIO.

Comme avenues futures de recherche, il serait intéressant de poursuivre le suivi de l'implantation de ce projet afin d'étudier le comportement d'une fraction plus élevée d'entreprises de la chaîne d'approvisionnement. En reproduisant cette étude dans des conditions similaires sur une période plus longue, il serait possible d'analyser l'impact du temps d'apprentissage et d'assimilation d'un SIIO sur la constatation des premières améliorations de la performance d'une chaîne d'approvisionnement. Des recherches supplémentaires devraient traiter des raisons qui provoquent une réticence chez certains donneurs d'ordres à partager leur autorité ou leur pouvoir décisionnel avec leurs sous-traitants, car ce comportement inhibe la capacité à collaborer dans une chaîne d'approvisionnement. Pourtant, la littérature décrit la collaboration comme une action profitable au niveau des coûts, des niveaux de stocks, de l'optimisation des processus, du niveau de service et de l'intelligence de marché (McLaren et al., 2002). D'autres recherches devraient aborder le développement de stratégies orientées sur les PME pour diminuer l'asymétrie de pouvoir en faveur du donneur d'ordres et favoriser la collaboration nécessaire à l'exploitation d'un SIIO. Aussi, des études supplémentaires devraient se concentrer sur l'identification des caractéristiques indispensables d'un SIIO en fonction du type de gouvernance présente dans la chaîne d'approvisionnement pour favoriser son influence sur l'amélioration de la performance de la chaîne. Aussi, des recherches pourraient se concentrer sur la découverte de méthodes pour orienter les PME québécoises de capacité à se développer en PME d'intelligence (Julien et al., 2003) dans des contextes restrictifs de gouvernance « captive » et « hiérarchique » (Gereffi et al., 2005) puisqu'au Québec, 58 % des emplois proviennent des PME et qu'elles représentent 98 % des entreprises de cette province (Statistic Canada, 2008). Ce qui serait avantageux pour le développement économique du Québec.

RÉFÉRENCES

Angeles, R. et Nath, R. (2003). Electronic Supply Chain Partnerships: Reconsidering Relationship Attributes in Customer-Supplier Dyads. *Information Resources Management Journal, 16* (3), 59-84.

Archer, N., Wang, S. et Kang, C. (2008). Barriers to the adoption of online supply chain solutions in small and medium enterprises. *Supply Chain Management, 13* (1), 73-82.

Arend, R. J. et Wisner, J. D. (2005). Small business and supply chain management: is there a fit? *Journal of Business Venturing, 20* (3), 403-436.

Bayraktar, E., Lenny Koh, S. C., Gunasekaran, A., Sari, K. et Tatoglu, E. (2008). The role of forecasting on bullwhip effect for E-SCM applications. *International Journal of Production Economics, 113* (1), 193-204.

Bergeron, L., Lanctôt, R., Abitar, L., Leduc, S. et Bordeleau, G. (2008). *Implantation d'une stratégie manufacturière de réduction des temps de passage à l'intérieur d'un réseau d'entreprises -Phases 1 et 2*. Trois-Rivières: Université du Québec à Trois-Rivières.

Bergeron, L., Valéra, L., Leduc, S. et Brouillette, C. (2010). Implantation d'une stratégie manufacturière de réduction des délais à l'intérieur d'un réseau d'entreprises RTPR VOLET II. *2*, 81.

Berlak, J. et Weber, V. (2004). How to make e-Procurement viable for SME suppliers. *Production Planning and Control, 15* (7), 671-677.

Bertolini, M., Bottani, E., Rizzi, A. et Bevilacqua, M. (2007). Lead time reduction through ICT application in the footwear industry: A case study. *International Journal of Production Economics, 110* (1-2), 198-212.

Bhagwat, R. et Sharma, M. K. (2007). Performance measurement of supply chain management: A balanced scorecard approach. *Computers and Industrial Engineering, 53* (1), 43-62.

Bond, B., Genovese, Y., Miklovic, D., Wood, N., Zrimek, B. et Rayner, N. (2000). *ERP is Dead – Long Live ERP II*. New York: Gartner Group.

Buehlmann, U., Bumgardner, M., Lihra, T. et Frye, M. (2007). Attitudes of U.S. retailers toward China, Canada, and the United States as manufacturing sources for furniture: An assessment of competitive priorities. *Journal of Global Marketing, 20* (1), 61-73.

Cagliano, R., Caniato, F. et Spina, G. (2005). E-business strategy: How companies are shaping their supply chain through the internet. *International Journal of Operations and Production Management, 25* (12), 1309-1327.

Claycomb, C., Iyer, K. et Germain, R. (2005). Predicting the level of B2B e-commerce in industrial organizations. *Industrial Marketing Management, 34* (3), 221-234.

Cox, A., Watson, G., Lonsdale, C. et Sanderson, J. (2004). Managing appropriately in power regimes: relationship and performance management in 12 supply chain cases. *Supply Chain Management, 9* (5), 357.

Croom, R. S. (2005). The impact of e-business on supply chain management: An empirical study of key developments. *International Journal of Operations & Production Management, 25* (1), 55.

Dai, Q. et Kauffman, R. J. (2002). B2B E-Commerce Revisited: Leading Perspectives on the Key Issues and Research Directions. *Electronic Markets, 12* (2), 67-83.

Davis, F. D. (1989). Perceived Usefulness, Perceived Ease Of Use, And User Accep. *MIS Quarterly, 13* (3), 319.

Funda, S. et Robinson, E. P. (2002). Flow coordination and information sharing in supply chains: Review, implications, and directions for future research. *Decision Sciences, 33* (4), 505.

Gallear, D., Ghobadian, A. et O'Regan, N. (2008). Digital/web-based technology in purchasing and supply management: A UK study. *Journal of Manufacturing Technology Management, 19* (3), 346-360.

Gereffi, G., Humphrey, J. et Sturgeon, T. (2005). The governance of global value chains. *Review of International Political Economy, 12* (1), 78-104.

Giannakis, M. et Croom, S. R. (2004). Toward the Development of a Supply Chain Management Paradigm: A Conceptual Framework. *The Journal of Supply Chain Management, 40* (2), 27-37.

Gunasekaran, A. et Ngai, E. W. T. (2004). Information systems in supply chain integration and management. *European Journal of Operational Research, 159* (2), 269-295.

Hayashi, K. et Mizoguchi, R. (2003). *Document Exchange Model for Augmenting Added Value of B2B Collaboration.* Communications présentées au Proceedings of the ACM Conference on Electronic Commerce.

Humphreys, P. K., Lai, M. K. et Sculli, D. (2001). An inter-organizational information system for supply chain management. *International Journal of Production Economics, 70* (3), 245-255.

Hunter, S. L. et Li, G. (2007). Market competition forces: A study of the Chinese case goods furniture industry. *Forest Products Journal, 57* (11), 21-26.

Hvolby, H. H. et Trienekens, J. (2002). Supply chain planning opportunities for small and medium sized companies. *Computers in Industry, 49* (1), 3-8.

Hvolby, H. H., Trienekens, J. et Steger-Jensen, K. (2007). Buyer-supplier relationships and planning solutions. *Production Planning and Control, 18* (6), 487-496.

Julien, P.-A., Raymond, L., Jacob, R. et Abdul-Nour, G. (2003). *L'entreprise-réseau : dix ans d'expérience de la Chaire Bombardier Produits récréatifs*. Sainte-Foy: Sainte-Foy : Presses de l'Université du Québec.

Kelle, P. et Akbulut, A. (2005). The role of ERP tools in supply chain information sharing, cooperation, and cost optimization. *International Journal of Production Economics, 93-94* (SPEC.ISS.), 41-52.

Koh, S. C. L., Gunasekaran, A. et Rajkumar, D. (2008). ERP II: The involvement, benefits and impediments of collaborative information sharing. [doi: DOI: 10.1016/j.ijpe.2007.04.013] *International Journal of Production Economics, 113* (1), 245-268.

Kotha, S. et Swamidass, P. M. (2000). Strategy, advanced manufacturing technology and performance: Empirical evidence from U.S. manufacturing firms. *Journal of Operations Management, 18* (3), 257.

Kovacs, G. L. et Paganelli, P. (2003). A planning and management infrastructure for large, complex, distributed projects - Beyond ERP and SCM. *Computers in Industry, 51* (2), 165-183.

Lancioni, R. A., Schau, H. J. et Smith, M. F. (2003a). Internet impacts on supply chain management. *Industrial Marketing Management, 32* (3), 173-175.

Lancioni, R. A., Smith, M. F. et Oliva, T. A. (2000). The role of the internet in supply chain management. *Industrial Marketing Management, 29* (1), 45-54.

Lancioni, R. A., Smith, M. F. et Schau, H. J. (2003b). Strategic Internet application trends in supply chain management. *Industrial Marketing Management, 32* (3), 211-217.

Laudon, K. C., Laudon, J. P., Gingras, L. et Bergeron, F. (2006). *Les systèmes d'information de gestion : gérer l'entreprise numérique*. Saint-Laurent, Québec: Éditions du Renouveau pédagogique.

Lefebvre, L. A., Lefebvre, E., Elia, E. et Boeck, H. (2005). Exploring B-to-B e-commerce adoption trajectories in manufacturing SMEs. *Technovation, 25* (12), 1443-1456.

Liu, M. (1997). *Fondements et pratiques de la recherche-action*. Paris ; Montreal Paris: Paris ; Montreal : L'Harmattan.

Lupien St-Pierre, D. (2007). *Détermination d'un lot de transfert dans une chaîne d'approvisionement*. Trois-Rivières: Université du Québec à Trois-Rivières.

McLaren, T., Head, M. et Yuan, Y. (2002). Supply chain collaboration alternatives: Understanding the expected costs and benefits. *Internet Research, 12* (4), 348-364.

Miles, R. E., Snow, C. C., Meyer, A. D. et Coleman Jr, H. J. (1978). Organizational strategy, structure, and process. *Academy of Management Review, 3* (3), 546-562.

Office québécois de la langue française. (2002). Le grand dictionnaire terminologique. Page consultée le 08/26/2009

Rahman, Z. (2003). Internet-based supply chain management: Using the Internet to revolutionize your business. *International Journal of Information Management, 23* (6), 493-505.

Raymond, L. (2005). Operations management and advanced manufacturing technologies in SMEs: A contingency approach. *Journal of Manufacturing Technology Management, 16* (8), 936-955.

Raymond, L. et Croteau, A. M. (2009). Manufacturing strategy and business strategy in medium-sized enterprises: Performance effects of strategic alignment. *IEEE Transactions on Engineering Management, 56* (2), 192-202.

Schnetzler, M. J. et Schonsleben, P. (2007). The contribution and role of information management in supply chains: A decomposition-based approach. *Production Planning and Control, 18* (6), 497-513.

Simatupang, T. M. et Sridharan, R. (2005). Supply chain discontent. *Business Process Management Journal, 11* (4), 349-369.

Statistic Canada. (2008, 2008/03/31). Employment, by enterprise size, by province and territory (Quebec). Page consultée le 2009/01/17 de http://www40.statcan.gc.ca/l01/cst01/labr77f-eng.htm.

Statistic Canada. (2009, 2008/03/31). Tableau 228-0001 : Importations et exportations de marchandises, par groupes principaux et par marchés principaux pour tous les pays, mensuel (dollars), CANSIM (base de données), E-STAT (distributeur). Page consultée le 2009/10/02 de http://estat.statcan.gc.ca.biblioproxy.uqtr.ca/cgi-win/cnsmcgi.exe?Lang=F&EST-Fi=EStat/Francais/CII_1-fra.htm.

Supply Chain Council. (2006). Supply-Chain Operations Reference-model version 8.0: SCC.

Vaaland, T. I. et Heide, M. (2007). Can the SME survive the supply chain challenges? *Supply Chain Management, 12* (1), 20-31.

Williams, Z. et Moore, R. (2007). Supply chain relationships and information capabilities. *International Journal of Physical Distribution & Logistics Management, 37* (6), 469.

Williamson, E. A., Harrison, D. K. et Jordan, M. (2004). Information systems development within supply chain management. *International Journal of Information Management, 24* (5), 375-385.

Xiaozhi, C. et Hansen, E. N. (2006). Innovation in China's furniture industry. *Forest Products Journal, 56* (11-12), 33-42.

ANNEXE I –FORMULAIRE D'ÉVALUATION DU FLUX D'INFORMATION INTERNE

Entreprise		Poste de l'évaluateur	
Date	/ /		

Évaluation de la diffusion de l'information à l'interne pour les entreprises utilisatrices

Nombre de licences installées	

Titre du personnel qui a un accès

Titre du personnel, sans accès, qui utilise l'information diffusée

ANNEXE II –FORMULAIRE D'ÉVALUATION DE LA STRATÉGIE
D'AFFAIRES
Évaluation des TI

Entreprise		Poste de l'évaluateur	
Date	/ /		

Évaluation de la stratégie d'affaires

Déterminer le degré avec lequel ces stratégies correspondent à celle de votre entreprise

Échelle de 1 à 5
1 = Ne correspond **pas du tout** à la stratégie d'affaires actuelle
5= Correspond **tout à fait** à la stratégie d'affaires actuelle

Exemple
Indiquez avec un X votre évaluation sur l'échelle

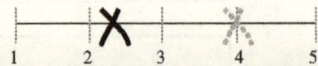

Stratégie d'affaires	Énoncés	Évaluation
A	Mon entreprise s'investit continuellement dans un processus d'innovation et elle lance régulièrement de nouveaux produits sur le marché.	1 2 3 4 5
B	L'objectif principal de mon entreprise est de protéger ses parts de marché actuelles avec ses produits existants principalement en réduisant les coûts et en améliorant la qualité.	1 2 3 4 5
C	Mon entreprise dépend essentiellement de ses produits existants, mais elle introduit prudemment des produits qui démontrent déjà un succès sur des marchés.	1 2 3 4 5

120

ANNEXE III –FORMULAIRE D'ÉVALUATION DES STRATÉGIES
MANUFACTURIÈRES

Évaluation des TI

Entreprise		Poste de l'évaluateur	
Date	/ /		

Déterminer le degré avec lequel ces technologies sont maîtrisées par votre entreprise.

Échelle de 1 à 5
1 = Possède une **maîtrise très faible** de la technologie
5 = Possède une **maîtrise très élevée** de la technologie

Exemple
Indiquez avec un **X** votre évaluation sur l'échelle.

Si vous ne possédez pas certaines technologies, n'inscrivez rien sur l'échelle.

Systèmes de fabrication de pointe	Technologies utilisées	Évaluation de la maîtrise
Technologies de développement de produits	▪ Dessin assisté par ordinateur (DAO)	1 2 3 4 5
	▪ Conception assistée par ordinateur (CAO)	1 2 3 4 5
	▪ Fabrication assistée par ordinateur (FAO)	1 2 3 4 5
	▪ Conception et fabrication assistées par ordinateur (CAO/FAO)	1 2 3 4 5

Technologies de processus	▪ Automates programmables industriels (API)	1	2	3	4	5
	▪ Commandes numériques par calculateur (CNC)	1	2	3	4	5
	▪ Opérations robotisées	1	2	3	4	5
	▪ Cellules de fabrication flexibles	1	2	3	4	5
	▪ Manutention automatisée (VGA)	1	2	3	4	5
Applications logistiques/ planification	▪ Ordonnancement de production assisté par ordinateur (Chiffrier, Excel, Access)	1	2	3	4	5
	▪ Codes à barres	1	2	3	4	5
	▪ Échange de données informatisées (EDI)	1	2	3	4	5
	▪ Application de planification des besoins matières (MRP)	1	2	3	4	5
	▪ Application de planification des ressources de production (MRP-II)	1	2	3	4	5
	▪ Progiciel de gestion intégrée (ERP)	1	2	3	4	5

SIIO développé (Lotus Notes) dans le cadre du projet RTPR avec le donneur d'ordres.	1	2	3	4	5

122

Évaluation des TI

Entreprise		Poste de l'évaluateur	
Date	/ /		

Évaluation de l'acceptation du SIIO selon le *Technology Acceptance Model*

Exemple

Marquez un **X** dans l'espace correspondant à votre évaluation.

Improbable | | | | X | | | | X | | Probable

Extrêmement   Tout à fait   Légèrement   NEUTRE   Légèrement   Tout à fait   Extrêmement

---

Perception de l'utilité

Le degré avec lequel le SIIO (Lotus Notes) est utile pour accomplir des tâches.

- L'utilisation du SIIO me permet d'accomplir mes tâches plus rapidement.

Improbable | | | | | | | | | Probable

Extrêmement   Tout à fait   Légèrement   NEUTRE   Légèrement   Tout à fait   Extrêmement

- L'utilisation du SIIO améliore ma performance au travail.

Improbable | | | | | | | | | Probable

Extrêmement   Tout à fait   Légèrement   NEUTRE   Légèrement   Tout à fait   Extrêmement

- L'utilisation du SIIO dans mon travail augmente ma productivité.

Improbable | | | | | | | | | Probable

Extrêmement   Tout à fait   Légèrement   NEUTRE   Légèrement   Tout à fait   Extrêmement

- L'utilisation du SIIO améliore mon efficacité au travail.

Improbable | | | | | | | | | Probable

Extrêmement   Tout à fait   Légèrement   NEUTRE   Légèrement   Tout à fait   Extrêmement

- L'utilisation du SIIO rend la réalisation de mon travail plus facile.

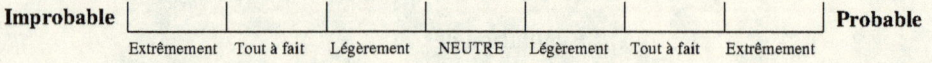

Improbable | | | | | | | | **Probable**

Extrêmement   Tout à fait   Légèrement   NEUTRE   Légèrement   Tout à fait   Extrêmement

- Je considère le SIIO comme utile dans mon travail.

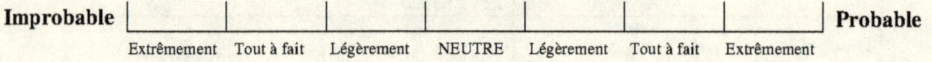

Improbable | | | | | | | | **Probable**

Extrêmement   Tout à fait   Légèrement   NEUTRE   Légèrement   Tout à fait   Extrêmement

Perception de la facilité d'utilisation

Le degré avec lequel SIIO (Lotus Notes) s'utilise sans difficulté et sans effort.

- Je trouve qu'il est facile de faire accomplir au SIIO ce que je veux qu'il effectue comme opération.

Improbable | | | | | | | | Probable

Extrêmement   Tout à fait   Légèrement   NEUTRE   Légèrement   Tout à fait   Extrêmement

- Mes interactions avec le SIIO sont claires et compréhensibles.

Improbable | | | | | | | | Probable

Extrêmement   Tout à fait   Légèrement   NEUTRE   Légèrement   Tout à fait   Extrêmement

- Les interactions avec le SIIO sont flexibles et s'adaptent aux opérations que je veux effectuer.

Improbable | | | | | | | | Probable

Extrêmement   Tout à fait   Légèrement   NEUTRE   Légèrement   Tout à fait   Extrêmement

- Il m'est facile de manipuler le SIIO et de devenir habile avec lui.

Improbable | | | | | | | | Probable

Extrêmement   Tout à fait   Légèrement   NEUTRE   Légèrement   Tout à fait   Extrêmement

- Je trouve le SIIO facile à utiliser.

Improbable | | | | | | | | Probable

Extrêmement   Tout à fait   Légèrement   NEUTRE   Légèrement   Tout à fait   Extrêmement